系统动力学建模与应用研究

马　歆　王文彬　著

中国水利水电出版社
www.waterpub.com.cn
·北京·

内 容 提 要

系统动力学是一门分析研究复杂反馈系统动态行为的系统科学方法。它是系统科学的一个分支，也是一门沟通自然科学和社会科学领域的横向学科，实质上就是分析研究复杂反馈大系统的计算仿真方法。系统动力学模型是社会、经济、规划、军事等许多领域进行战略研究的重要工具，如同物理实验室、化学实验室一样，也被称之为战略研究实验室，自问世以来硕果累累。本书就系统动力学模型及其应用做了详细介绍，主要内容包括系统动力学基础理论及方法、基于系统动力学模型的煤矿安全系统脆性评价、环境污染第三方治理问题的博弈模型构建与分析、基于系统动力学模型的河南省能源消费可持续发展研究、中国高技术产业创新能力的系统动力学研究。

本书具有较高的理论价值和较强的实用性，可作为动力工程专业本科生的辅导教材，也可供相关工程技术人员参考使用。

图书在版编目（Ｃ Ｉ Ｐ）数据

系统动力学建模与应用研究 / 马歆，王文彬著. --
北京 ：中国水利水电出版社，2019.6 （2025.4重印）
　　ISBN 978-7-5170-7755-8

　　Ⅰ. ①系… Ⅱ. ①马… ②王… Ⅲ. ①系统动态学－
系统建模－研究 Ⅳ. ①N941.3

中国版本图书馆CIP数据核字(2019)第120005号

责任编辑：陈　洁　　　　封面设计：邓利辉

书　　名	系统动力学建模与应用研究 XITONG DONGLIXUE JIANMO YU YINGYONG YANJIU
作　　者	马　歆　王文彬　著
出版发行	中国水利水电出版社 （北京市海淀区玉渊潭南路 1 号 D 座　100038） 网址：www. waterpub. com. cn E-mail: mchannel@ 263. net （万水） 　　　　sales@ waterpub. com. cn 电话：(010) 68367658 （营销中心）、82562819 （万水）
经　　售	全国各地新华书店和相关出版物销售网点
排　　版	北京万水电子信息有限公司
印　　刷	三河市元兴印务有限公司
规　　格	170mm×240mm　16 开本　14.5 印张　256 千字
版　　次	2019 年 7 月第 1 版　2025 年 4 月第 3 次印刷
印　　数	0001—3000 册
定　　价	65.00 元

凡购买我社图书，如有缺页、倒页、脱页的，本社营销中心负责调换

前 言

麻省理工学院的福瑞斯特（Jay W. Forrester）教授在对经济与工业组织系统进行了深入研究后，得出有关系统的信息反馈、基本组成等重要观点，在此基础上于 1956 年创立了系统动力学（System Dynamics，SD）。系统动力学的出现为认识、解决复杂系统（非线性、高阶次、多变量、多重反馈、复杂时变）问题提供了理论与方法。随着其研究范围的不断扩大，系统动力学已经成为一门横跨系统科学与管理科学的独立交叉学科，有较为完整的理论体系和科学方法，在经济、社会、环境、能源等领域得到广泛应用。本书运用系统动力学理论，针对经济、能源和环境等具体问题进行研究，构建了相应的系统动力学模型，并对仿真结果进行了分析，提出了相关的政策建议。

第 1 章，系统动力学基础理论及方法。对系统动力学的发展过程进行了概述，介绍了反馈、反馈系统和延迟等基本概念，分析了系统动力学的特点，分别从构建系统动力学模型的变量要素及关联要素两方面讨论了建模的主要要素和流程，诠释了系统的动态行为模式。

第 2 章，基于系统动力学模型的煤矿安全系统脆性评价。首先，基于煤矿安全系统外部因素进行研究，运用灰色关联分析得出影响煤矿安全水平的外部关键因素，并选取关联度较大的四个指标——从业人数、就业人数、国家安全投入、煤炭消费总量建立煤矿安全系统外部因素的系统动力学模型，分析了煤矿安全评价指标"死亡人数"随"国家安全投入"的变化情况。其次，基于煤矿安全系统内部因素进行研究，分析煤矿事故发生机理得出影响安全水平的内部因素有人、物、环、管四个因素，从安全效益的角度出发，建立煤矿安全系统内部因素的系统动力学模型，分析内部因素对煤矿安全评价指标"煤矿安全效益"的影响，并根据安全效益值判定煤矿行业所处的安全等级，结合脆性理论讨论影响煤矿安全水平的内部关键因素。最后，提出有针对性的建议，为改善煤矿行业安全现状提供一定的参照依据。

第3章，环境污染第三方治理问题的博弈模型构建与分析。在社会经济迅速发展的同时，由于自然资源过度利用，中国的环境问题日益严重。面对这样的困境，中国正在逐步尝试将原有的工业污染"谁污染，谁治理"的环境治理模式转变为"谁污染、谁付费、第三方治理"的模式。在实施环境污染第三方治理的过程中，由于政府环境监管部门与第三方企业之间存在着信息不对称，监管部门在进行环境监管时对第三方与排污企业是否在环境服务活动中弄虚作假难以掌握，且第三方企业与排污企业之间容易发生合谋行为，产生环境治理的外部不经济。因此，如何避免第三方企业与排污企业的合谋等违规行为是政府环境监管部门的重要工作。本章在有限理性的假设下，采用演化博弈的方法分析环境污染第三方治理的博弈过程，研究政府、第三方企业、排污企业在博弈过程中的行为选择、利益分析以及博弈焦点，运用系统动力学理论建立演化博弈模型，对演化博弈的均衡解与优化情况进行仿真分析，根据分析结果得出结论并提出相关对策建议。

第4章，基于系统动力学模型的河南省能源消费可持续发展研究。能源为国民经济发发展提供动力，现代社会的发展对能源消费的依赖程度日益提高。能源消费可持续发展与经济、环境和人口等因素紧密相连，能源消费促进经济的可持续发展，并对人民生活的改善起到保障作用。然而，在经济社会发展的同时，自然环境却不断恶化。因此，本章分析影响能源消费状况的因素，运用系统动力学的理论和方法构建了能源消费可持续发展系统动力学模型，通过多种情景模拟，分析河南省能源消费可持续发展系统的基本行为，为河南省能源、经济、环境和人口系统的协调发展提出相关的政策建议。

第5章，中国高技术产业创新能力的系统动力学研究。高技术产业以其知识、技术密集性被认作是一个国家综合竞争力的重要体现，高技术产业在转变经济增长方式和调整产业结构方面有着突出的作用。本章在相关文献和理论研究的基础之上，分析了中国高技术产业创新能力的运行机制，根据系统动力学理论和方法，构建了高技术产业的投入能力、产出能力、支撑能力三个子系统，并建立了相应的因果关系图，在此基础上，将三个子系统整合为高技术产业创新能力的系统动力学模型，并对模型进行模拟仿真和敏感性分析，分别讨论了政府支持力度、金融支持力度、高技术产业创新意识、人才机制、校企合作研发机制对高技术产业创新能力的影响与作用，对中国高技术产业创新能力的发展提出有针对性的措施和建议。

全书的内容和结构由华北水利水电大学马歆和王文彬确定。各章具体分工：华北水利水电大学霍猛负责第1章的写作和校订；华北水利水电大学李静、河南省发展和改革委员会（河南省能源局）周勇杰负责第1和第2章的写作和校订；华北水利水电大学丁永新、李晶慧负责第3章的写作和校订；华北水利水电大学丁林芳、李乾负责第4章的写作和校订；华北水利水电大学梁志林、高煜昕负责第5章的写作和校订。马歆、王文彬和周勇杰负责各章节的写作、统筹以及修改。

书中引用了国内外大量的论文、著作等，在此对所引用文献资料的作者表示诚挚的谢意。本书为作者近年来在主持完成河南省政府决策招标项目"低碳背景下基于系统承载能力测度理论的河南省资源、环境与经济社会协调发展研究"，河南省科技攻关项目"低碳背景下企业行为动态演化的系统仿真与分析"，以及河南省软科学项目"科技创新在区域经济发展中的作用研究"等课题过程中运用系统动力学理论探讨实际问题的心得体会。内容涉及不同行业且发展迅速，经过反复修改完善，仍难免存在不当之处，恳请读者及同仁给予批评指正。

作 者

2019 年 3 月

目　录

第1章　系统动力学基础理论及方法

1.1　系统动力学的形成与发展

系统动力学（System Dynamics，SD）最初来源于 20 世纪 60 年代福瑞斯特（Jay W. Forrester）和他的同事在美国麻省理工学院斯隆管理学院（MIT Sloan School of Management）的工作。最初的系统动力学思想是他们在应用反馈控制理论的概念研究工业系统时形成的，福瑞斯特完成了《工业动力学》一书，并且使用 Dynamo 来实现模型。

系统动力学思想在 20 世纪 60 年代最有影响力的应用是在福瑞斯特的《城市动力学》中。在该书中，福瑞斯特构建了把城市看作是一个人口、房屋、工业相互作用的系统，在有利的条件下，城市可以高速的发展，但是随着城市中被占用土地的逐渐增加，这个城市系统的模拟发展情况开始走向停滞，并出现房屋老化、工业萎缩等现象，通过实验模拟，福瑞斯特发现如果采用常规的解决办法，会使模拟情况变得更糟糕。例如，如果采取建设额外的高档住宅，会减少提供给新产业发展所需的土地，进而可能导致城市的发展减缓甚至停滞不前，当福瑞斯特采用拆除小部分"简陋房屋"的方案时，模拟情况很好，拆除的旧房屋为新产业的发展创造了空间，如果进行重新建设也可以使城市内部产业和职工很好地融合在一起。有学者指出福瑞斯特的模型不够完美，但福瑞斯特回应，一切模型都是不完美的，因为在设计它们的时候，就是一个系统的简化代表，并且福瑞斯特还提出：人类的思维方式不适合解释社会系统的行为，社会系统是一类多重非线性反馈的系统。《城市动力学》一书还特别强调向工业区以外的其他领域扩展，这种方法就是后来被人们熟知的系统动力学。

在 1972 年，梅多斯（Meadows）等出版了一本广为人知的系统动力学著作，名为《增长的极限》。该书预测了 21 世纪全球系统中，人口和工业产品的增长情况，利用模型模拟了满足增长所需的粮食供应和资源生产。该模型也可以模拟持久污染物的产生，这些污染物积累在环境中，并残留几十年。作者根据这个模型认为：即使有先进的技术，世界系统能够支持目前的经济和人口增长率最多到 2100 年。

20 世纪 70 年代，福瑞斯特研究美国全国模型，他在 11 年中完成了包括 4000 个方程的美国全国的系统动力学模型。该模型把美国的社会经济作为一个系统来研究，解决了一些经济领域中长期存在但经济学家困惑不解的难题。例如，70 年代以来美国通货膨胀、失业率、实际利用率同时增长的问题，该研究在一定程度上揭示了美国和西方经济长波形成的奥秘，系统动力学由此受到了更广泛的关注，并在理论和应用研究方面有了很大的发展，逐渐走向成熟。

福瑞斯特的学生彼得·圣吉（Peter Senge M）博士在他的指导下，对反馈动态性复杂理论及应用进行研究，并且以 10 年左右的时间发展出系统思考、学习性组织的理论及应用，出版了《第五项修炼》，提出企业系统发展的 6 个基模。到此，基于系统动力学的管理决策建模方法逐渐发展成熟，这种方法不单综合了系统思考和学习型组织理论，而且还融合了先进的计算机技术。

1.2　系统动力学的含义

系统是指一个由相互区别、相互作用的元素有机地联系在一起，而具有某种功能的集合体。系统论是系统动力学的基础。

系统动力学是一门分析和研究信息反馈系统的学科，可以用来探索如何认识和解决系统问题的科学，也是一门交叉、综合性的学科。系统动力学着重强调了系统、整体、联系、发展、运动的观点。系统动力学指出，由于系统内部非线性因素的作用和存在复杂的反馈因果关系，高阶次复杂时变系统常常表现出反直观、千奇百态的动力学特性，而且在一定条件下还可能产生混沌现象。系统动力学在处理复杂系统问题时采用的是定性与定量相结合的方法，整体思考与分析、综合与推理的方法。

系统动力学是系统科学的一个分支，以系统反馈控制理论为基础，主要运用计算机仿真技术研究系统发展的动态行为。系统动力学可以有效地把因果关系的逻辑分析和信息反馈的控制原理相结合，在处理复杂的实际问题时，首先从系统的内部着手，然后建立系统的仿真模型，接着对系统模型进行不同政策方案的模拟，通过计算机仿真展示系统的宏观行为，寻找解决问题的有效途径。系统动力学的建模过程是一个学习、调查、研究的过程，模型的主要功能在于为人们提供一种进行学习和政策分析的工具，使决策人或组织逐步成为一个学习型与创造型的组织。

1.2.1 关于系统结构的基本观点

系统论将结构定义为各单元（子系统）之间的秩序，具体包含以下两层涵义：一是指系统中的各单元（子系统）；二是指各单元或者子系统之间的相互联系及其相互作用。

耦合系统的信息、速率变量（或称决策、行动）与状态变量（积量）组成的闭合通道便是反馈回路，它们分别对应于系统的信息、运动及单元三个组成部分。系统动力学将一阶反馈回路视为基本单元，并用一阶反馈回路组合起来构成的多阶反馈回路描述复杂系统的结构。

一个复杂的反馈系统结构是由多个一阶反馈回路再加上逻辑、物质延迟、信息延迟等环节组成，按照层次性、因果关系组织起来。由于复杂系统具有整体性及层次性两大特点，因此系统的结构存在以下体系及层次：

（1）系统 S 的研究范围及界限；

（2）基本单元或子系统 S_i（$i=1, 2, \cdots, p$）

（3）正负反馈回路结构 E_j（$j=1, 2, \cdots, m$）

（4）正负反馈回路的主要组成部分及从属部分：①正负反馈回路第一个主要组成变量——积量（状态变量）；②正负反馈回路第二个主要组成变量——速率变量（包括偏差、现状、行动及目标）。

1.2.2 关于系统功能的基本观点

任何系统都是结构和功能的统一体，因此系统都具有结构和功能。功能广义上是指各基本单元或子系统运动的秩序，狭义上是指基本单元自身的活动或者基本单元之间相互联系及其相互作用所形成的整体效应。结构和功能是相互对立的又是相互统一的，因此它们互为因果又相辅相成。结构和功能是不可分割的，二者在一定的背景和条件下可以相互转化。因此，系统动力学要求我们在分析研究系统时，不仅仅要考虑到系统的功能及其动态行为，还要充分考虑到系统的组织结构；认真观察系统的结构及功能，建立模型，并通过不断地模拟仿真及真实性检验来完善模型，使得模型能够较为合理有效地反映真实系统。

1.2.3 系统中的主导与非主导结构

由系统动力学的主导结构原理可知：系统结构是由多个反馈回路再加上逻辑、物质延迟、信息延迟等环节，按照层次性、因果关系组织起来的；系统发展的每个阶段总会有一个甚至多个反馈回路起主导作用，系统动力学将这些起主导作用的回路称为主导回路，主导回路的性质、相互之间的联系及其作用决定了整个系统的动态行为及其发展趋势。

在系统变化、发展、运动的过程中，甚至在旧系统结构向新系统结构过渡的过程中都有主导回路存在，在一定背景和条件下，这些主导回路决定了系统的动态行为以及未来的发展趋势。虽然主导部分在系统中起着关键作用，但我们并不能排斥非主导部分在系统结构和功能中起的作用，正是由于主导部分和非主导部分的完美结合，才决定了系统动态行为的性质以及模式。

1.3 系统动力学的基本概念

1.3.1 系统与边界

系统是一个相对于其研究问题的实质和建模的目的而言的概念。对于一个给定的系统，它可以是其他系统中的一个子系统，同时也能按照一定的标准划分为诸多层次的子系统。但是，一旦确定了所研究问题的实质和建模的目的，那么系统也就确定了，其边界也应该是唯一和清晰的。

系统边界实际上是一个假想的轮廓，它把所研究的问题有关的部分划分进系统，与其他部分（系统环境）分隔开。一般来说，对于不同的研究对象，或是同一研究对象，但是研究问题的实质和建模的目的不同，系统也就划分不同的边界。那么系统的边界应该如何划分，划分在何处才合理？根据系统动力学的理论，在进行系统边界的划分时，应该把系统中的反馈回路考虑成闭合的回路，尽量把那些与系统建模目的关系紧密、重要的变量都划入系统边界，系统的边界应该是封闭的，如果有必要还可以在定性分析的基础上进行定量分析，以此确定系统的行为主要由系统内部决定。

1.3.2 反馈

信息的传输及回授过程称之为反馈，其重点在于回授过程。反馈可以从子块、单元或系统的输出直接连接到其相应的输入，也可以通过媒介如其他子块、单元、系统来实现。狭义上，反馈是指存在于系统内部的同一个子系统或同一单元对应的输入及其输出之间的相互关系；广义上，则是针对系统整体，反应系统外部环境的输入及相应的系统输出之间存在的关系。

基于反馈过程的主要特点，系统动力学将反馈分为正反馈及负反馈。箭头标注"+"或"-"取决于这个影响是正向的还是负向的。倘若事件 A 的发生促使了事件 B 的发生，那么事件 A 与事件 B 之间便存在因果关系。若 A 对 B 是正方向变化，即 A 增加（减小），造成 B 增加（减小），则 A 与

B 之间存有正因果关系，"＋"表示反馈中两个变量的变化方向相同，如图 1-1 所示；同时"＋"也可以代表流与累积流的库之间的因果链；若 C 对 D 是反方向变化，即 C 增加（减小），造成 D 减小（增加），则 C 与 D 之间存有负因果关系，"－"表示两个变量变化方向相反，如图 1-2 所示。

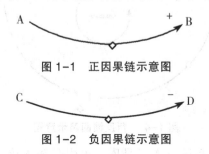

图 1-1　正因果链示意图

图 1-2　负因果链示意图

1.3.3 反馈回路

反馈回路是指由一系列因果和相互作用链组成的闭合回路，也可以说是由信息与动作构成的闭合路径。在一条反馈回路中，如果因果链中全部是"＋"或者"－"个数为偶数，则回路极性为正；如果反馈回路中包含"－"个数为奇数，则其极性为负。反馈回路的极性反映出它的基本特征，正反馈回路能够不断往复增长，使系统增大；负反馈回路起着不断削弱系统的作用，具有自调节性，如图 1-3 和图 1-4 所示。

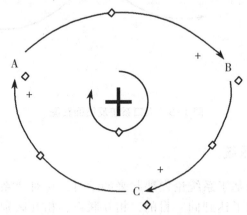

图 1-3　正反馈回路示意图

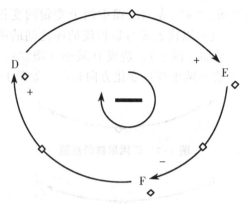

图 1-4　负反馈回路示意图

图 1-5 中的人口系统，人口是库，出生是输入流，死亡是输出流，该反馈回路由两个子回路组成，左边是正反馈回路，人口数量越多，出生人口也就越多；而出生人口的增多也会导致未来人口数的进一步增加。右边是负反馈回路，表示死亡会降低人口规模，从人口指向死亡的箭头为正，表示死亡率固定的情况下，人口数量越多，死亡的人数也越多。

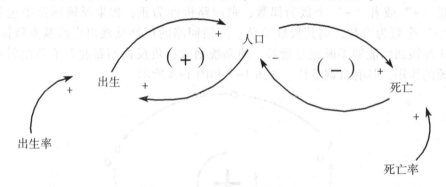

图 1-5　人口系统反馈回路图

1.3.4 反馈系统

系统动力学是基于系统论发展起来的学科，它对"系统"的定义同系统论一样，即：为了达到同一目的，相互联系、相互区别而又相互作用的有机元素组成的整体。系统动力学将有反馈回路作用的系统称之为反馈系统，其最显著的特点是系统将自身历史信息作为相应输入，通过系统内部作用，将历史信息的输出结果回馈给系统，用来影响系统未来的动态行为。

正反馈系统由正反馈回路主导作用，因此它主要表现出自增强性和不稳定性两大特点。系统的某一动态行为经过正反馈回路的作用，会不断地放大与增强。正反馈系统正是因为所表现出来的自增强性，才使其发展不能达到较为稳定的目标，以至破坏了系统的平衡状态。

含有一个积量的正反馈系统称之为一阶正反馈系统。指数趋于无穷大是正反馈系统的动态行为所表现出来的共有特征，因此一阶正反馈系统的动态行为是指数趋于无穷大且呈一定的单调性。

一阶线性正反馈系统所对应的微分方程为：

$$x' = kx - b \ (k > 0) \tag{1.1}$$

求得的解为：

$$x(t) = \left[x(0) - \frac{b}{k} \right] e^{kt} + \frac{b}{k} \tag{1.2}$$

当 $b < 0$ 时，$x(0) \geq 0$，因此系统呈指数增长趋势；

当 $b = 0$ 时，对应的微分方程为 $x' = kx$；

当 $b > 0$ 时，系统动态行为呈以下三种趋势（图 1-6）：①指数增长的动态行为，此时 $x(0) > \dfrac{b}{k}$，即 $x(0) - \dfrac{b}{k} > 0$；②恒值动态行为，此时 $x(0) = \dfrac{b}{k}$，即 $x(0) - \dfrac{b}{k} = 0$；③指数崩溃的动态行为，此时 $x(0) < \dfrac{b}{k}$，即 $x(0) - \dfrac{b}{k} < 0$。

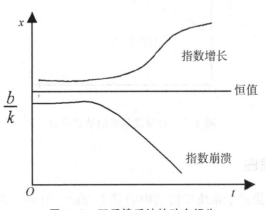

图 1-6　正反馈系统的动态行为

负反馈系统由负反馈回路主导作用，因此整个系统总是趋向于目标或者达到某种平衡状态。系统的某一动态行为经过负反馈回路的作用，会不断地缩小与目标的距离，追求一种平衡状态，因此负反馈系统具有较好的稳定性。

一阶线性负反馈系统所对应的微分方程为：

$$x' = -kx + b \ (k > 0) \tag{1.3}$$

求得的解为：

$$x(t) = \left[x(0) - \frac{b}{k} \right] e^{-kt} + \frac{b}{k} \tag{1.4}$$

当 $b < 0$ 时，系统呈指数衰减趋势，其衰减率为 k，x 趋向于负值 $-\dfrac{b}{k}$；

当 $b = 0$ 时，对应的微分方程为 $x' = -kx$，系统仍呈指数衰减趋势；

当 $b > 0$ 时，系统动态行为呈以下三种趋势（图1-7）：①渐进衰减的动态行为，此时 $x(0) > \dfrac{b}{k}$，即 $x(0) - \dfrac{b}{k} > 0$；②恒值动态行为，此时 $x(0) = \dfrac{b}{k}$，即 $x(0) - \dfrac{b}{k} = 0$；③渐进增长的动态行为，此时 $x(0) < \dfrac{b}{k}$，即 $x(0) - \dfrac{b}{k} < 0$。

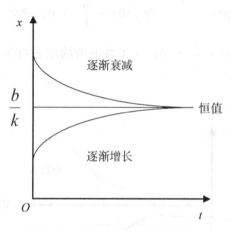

图1-7 负反馈系统的动态行为

1.3.5 流程图

反馈回路图描述了系统反馈结构的基本方面，有利于全面地认识系统，把握其中要解决系统问题的关键，因此对于模型初期地建立非常的重要，但是它不能够区分系找那个不同性质变量之间的差异，也无法屈服系统中的信息流和物质流，为了克服这一缺陷，系统动力学就引入了"流程图"概念。流程图是为了描述系统的运动而专门设计的一套符号图。

（1）流位。流位是用来描述系统内部状态，是系统内部的定量指标，也叫积累量。如人口总量、污染量等都可以用流位来描述，在某个时间间隔内流位的变化量等于输入与输出的流率差和这个时间间隔的乘积。

（2）流率。流率被用来描述系统中实体的状态，描述单位时间内流量的变化率，流率是控制流量的变量。

（3）流。系统动力学模型通过对流的控制来实现对系统的控制。流可以分为信息流和物质流两类，信息流是连通流位和流率的信息管道，信息流直接关系到系统控制的流，对决策产生很大的影响；物质流表示系统中流动着的物质，物质流是在系统运行过程中产生的实体流，对于系统的管理和控制没有直接的关系。

（4）辅助变量。辅助变量是变量之间的中介变量，其主要作用是通过这些中介变量使变量之间复杂、多层次的关系简单化，突出系统的某些重要关系和关键环节。设置辅助变量并不是必须的，但是有着十分重要的意义。

（5）表函数。为了描述系统中某些变量之间的复杂非线性关系，由其他变量进行代数组合的辅助变量已不能很好的完成了，这时引入表函数便能很好地解决这一难题，当系统中存在变量之间的表函数关系时，可以通过输入因变量和自变量的一组对应数值来描述这种关系。

（6）常数。常数指的就是在系统运行时其数值一直保持不变的量，用一段实线来表示。

1.3.6 系统中的延迟

延迟普遍存在于复杂系统中，对于信息反馈系统如何产生动态行为，它起着至关重要的作用。系统动力学中，延迟被定义为一种接受特定的输入变化和在瞬间上提供多种输出的转换过程。由于转换的对象可以是物质也可以是信息，因此系统动力学将延迟划分为物质延迟和信息延迟两大类。

原则上讲，客观世界处处可见物质流与信息流，而延迟便存在于这些"流"的通道中。在物质流的传输过程中，物质的转移需要特定时间，这便形成了物质延迟。信息延迟主要表现在三个方面：信息传输的过程中所产生的延迟；分析研究信息并作出决策的过程中所产生的延迟；执行决策的过程中所产生的延迟。尽管信息延迟不像物质延迟那样具体，但却对信息反馈系统的内部结构及动态行为趋势有着较为重要的影响。

1.4　系统动力学的特点

系统动力学是一门用于研究和处理社会、经济、环境等这一类高度非线性、高层次、多重反馈、多变量、复杂时变大系统问题的学科，它能够在微观和宏观层次上对复杂、多层次、非线性的大规模系统进行综合研究。

系统动力学研究的主要对象是开发系统，它主要强调系统、联系、发展与运动的观点，认为系统的行为模式与特性主要在于其内部的反馈机制与动态结构。

系统动力学方法是一种定性与定量相结合的方法，是系统思考、系统分析、综合与推理的方法，其模型模拟过程是功能模拟过程。

系统动力学最突出的其中一个特点是模型从整体上看是规范的，即使辅助方程中有半定性、半定量、定性描述的部分，但变量按照系统基本结构的组成进行分类。正是由于模型的规范性，使得人们可以较清晰地构建思想，进行对政策实验的假设和存在问题的解析，便于在处理复杂问题时，可以逐步把假设中隐含的迷津追溯出来。

系统动力学根据有关变量的数据，建立符合实际并予以规范的数学逻辑表达式，这是使用系统动力学理论研究和解决问题独特、新颖的地方。规范化的数学模型可以使我们了解各变量之间的数学关系，并对发现的问题进行剖析。

系统动力学被称作是实际系统的实验室，经过模型模拟来分析系统，获取丰富、深刻的信息，进而寻求解决问题的途径，在社会、经济、生态环境领域有着广泛的应用，是实现决策科学化和经营管理现代化的有效手段。

系统动力学的建模过程有利于建模人员、决策者、专家群众的结合，便于使用各类资料、数据、经验与知识，同时也有利于学习其他系统学科和其他科学理论的精髓。

1.5 系统动力学建模

系统动力学建模涉及多方面的内容，最基本的依据是系统动力学对系统、系统特性、系统与环境、系统结构与功能等一系列观点。首先应该明确建模的目标和任务，其次在面向要解决的问题和矛盾时，必须重视模型的应用和所得出政策实施的可行性。根据系统的层次性、整体性、等级性等，在建立模型的过程中，正确地运用分解与综合的原理。实际上，系统动力学建立的模型只是对真实系统显著本质、简化的描述，只能反映出一部分真实世界的本质，建模不应该是对实际系统的简单复制，应根据系统的类似性找出系统的主导结构，并加以提炼。客观实践是检验模型有效性的最终标准，可运用历史数据、专家群体、模型使用人员对模型进行有效性评估，系统动力学所建立的模型不是完美的，它只能阶段性地满足预定要求和达到预定目标的相对有效。

系统动力学的建模原则如下：

（1）整体化原则。系统动力学模型根据系统分析的原则，不是独立地研究一个或几个因素，而是详细地研究系统中各个组成部分以及相互作用关系和环境对系统的影响，把系统中的各个因素作为一个整体来进行分析研究。

（2）相关性原则。系统模型中的各个变量之间必须存在一定的相关性，保证模型具有科学性和说服力。

（3）重点性原则。模型的设计应该尽量简洁，对于复杂大系统而言，影响的因素很多，这时须选择具有代表性、相关度高的变量来表示系统的功能和结构，对于那些与系统相关性不大的变量应忽略。

（4）层次性原则。系统动力学研究的对象多是复杂、多因素的系统，因此应使用结构层次分析的方法进行系统结构的研究。

（5）一致性原则。模型中使用的变量和常量应该与实际系统中的因素在概念和数量上保持统一，且模型中变量的表达形式和度量单位也应统一。

（6）通用性原则。已建立的系统动力学模型，应该保有一定的适用范围和较好的适用性。

系统动力学是一种以定性分析为先导，以定量分析为支撑，两者相辅相成，螺旋上升并逐步深化解决问题的方法论。首先按照系统动力学的方法、原理来分析实际系统，接着便可建立概念模型与定量模型一体化的系统动力学模型。其具体建模步骤如图 1-8 所示。

1.6　系统动力学建模软件 Vensim

构建系统动力学模型的要素主要分为两大类：变量要素和关联要素。其中变量要素一般包括积量（状态变量）、速率变量（决策变量）、常量以及辅助变量等，积量和速率变量是组成系统结构中反馈回路的两个主要变量；而关联要素主要包括物质链及信息链。系统流图将各变量之间的因果关系及定量关系充分地展现出来，并高度诠释了系统的动态行为模式，其描述如图 1-9 所示。

（1）积量。积量（Level）指的是系统中能够通过累积效应得到的变量，该变量也被称为流位或者状态变量。积量在系统流图中有着较为严谨的数学逻辑表达式，即：当前时刻的积量等于滞后一期的积量再加上流入量与流出量的差。假定流入速率是 R_1，对应的流出速率是 R_2，而时间间隔设为 d_t，滞后一期的积量为 L_0，当前时刻的积量为 L，则积量的数学逻辑

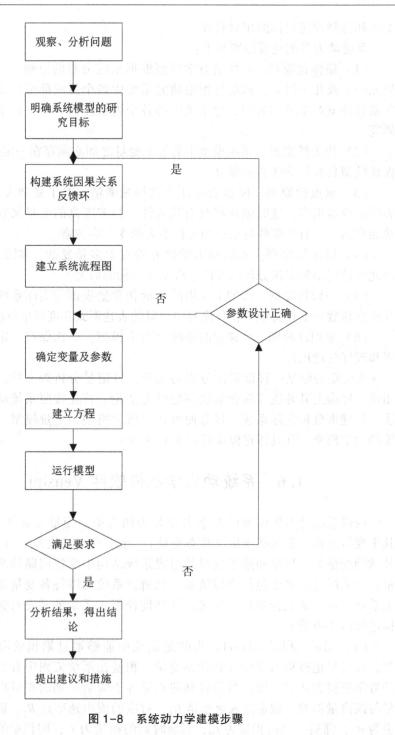

图 1-8　系统动力学建模步骤

表达式为：

$$L = L_0 + d_t \cdot (R_1 - R_2) \tag{1.5}$$

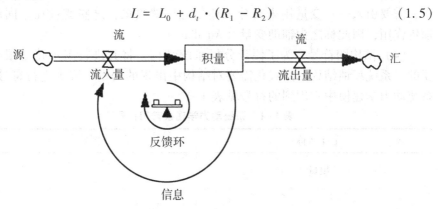

图 1-9 系统流图的基本结构

积量最为显著的特征就是其具有累加性，因此我们可以直接观察到系统中所定义的积量。

（2）速率变量。系统动力学中用来描述积量累积速度的变量，称之为速率变量（Rate），或者决策变量、流率。速率变量不但能够控制积量的流入量及流出量的大小，并且能够充分描述决策机构（包括决策者）相关的决策功能，因此，系统动力学也称速率变量为决策函数。

系统动力学中，信息反馈决策会以数学表达式的形式呈现出来，并且它决定了任何给定时刻速率变量的大小。在所研究的系统中，积量与速率变量之间有着密不可分的关系，一方面，积量是速率变量累加起来所表现出来的动态行为，也就是说积量是速率变量的积分，假定时间间隔 d_t 很小，甚至接近于0，则存在下式成立。

$$L_t = L_{t-d_t} + d_t \cdot R_{y-d_t} \tag{1.6}$$

其中：

L_t ——当前时刻的积量；

L_{t-d_t} ——前一时刻的积量；

d_t ——时间间隔；

R_{t-d_t} ——前一时刻的速率变量。

因此，系统中的积量随着速率变量的变化而变化。另一方面，积量是速率变量信息反馈过程中的信息源，即速率变量所获得的信息最终来源于积量。因此在构建系统反馈结构的过程中，积量与速率变量密不可分、相辅相成。

（3）常量与辅助变量。常量（Constant）指的是在时间变化的情况下，那些仍保持不变的量。

信息反馈决策决定了速率变量，从信息源到速率变量的信息反馈过程中，需要引入一些变量用来充分表述信息反馈决策，这些变量在中间起到辅佐作用，因此称之为辅助变量（Auxiliary）。

（4）结构图符号。为了便于分析系统结构，将其进行图示化是很有必要的。系统反馈结构的图式化需要对结构中出现的变量、流等进行符号化，系统动力学建模中常用到的符号见表1-1。

表1-1　系统动力学建模常用符号

元件名称	图符
积量	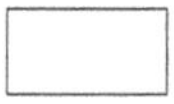 ▭
速率变量	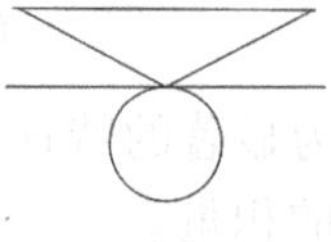 ⧓
辅助变量	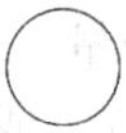 ○
常量	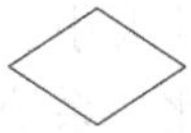 ◇
信息链	 →
源	 (源)

（5）Vensim 软件的基本功能。基于专业的系统动力学软件进行建模仿真是系统动力学的主要特点之一，系统动力学建模软件从最早的 Dynamo 系列语言迄今，又开发了涉及系统因果图和流图的 Powersim、Goldsim、Vensim、Think & STELLA 等多种软件。建模软件的快速升级，不但为建模人员提供了良好的建模环境，使其提高建模速度及质量，还为系统的模拟仿真提供了更多操作方法和较为理想的模拟结果。

Vensim 提供了可视化的工作界面和多样化的图形编辑功能，它可以对系统动力学模型进行概念化、仿真模拟、分析研究、敏感性分析和优化。建立好包含积量、常量、速率变量、箭头、辅助变量等元件的因果反馈循环；然后使用软件自带的公式编辑器，对反馈循环中的每个变量进行设置，建立各变量之间的数学关系；最后通过软件提供的检验功能，对模型进行调试；调试成功后，便可以通过 Vensim 界面上的工具栏，对所模拟的系统进行分析研究。

Vensim 提 供 了 简 化 的 版 本，Ventana Simulation Environment Personal Learning Edition，简称 Vensim PLE，译为 "Ventana 模拟环境下的系统动力学个人学习版软件"。它可以用来分析研究高阶数、非线性的复杂系统模型，其工作界面如图 1-10 所示。

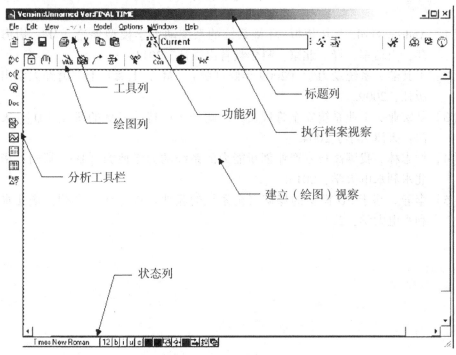

图 1-10　Vensim PLE 的工作界面

Vensim PLE 的主要特点如下：

（1）可以在 Windows 背景下运行。Vensim PLE 提供了较为灵便的输出方式及多样化的输出信息，该软件建模时数据分析结果具有较强的共享性。由于 Vensim PLE 自带多种分析工具，以至模型的分析结果形式丰富，输出信息的兼容性也比较强。

（2）建立模型时可视化编程。Vensim PLE 建模时，并不存在真正意义上的 "编程"，它只是在工作界面上建立好系统流图后，利用 Equations 功能将各个指标的数学关系式输入其中。建模人员可以通过 Mode Document 工具查看输入信息，并将其保存下来。

（3）多样化的分析方法。Vensim PLE 提供了多种分析方法，可以分为结构分析及数据集分析。结构分析主要侧重静态分析，它包括 Loops（反馈循环列表）、Uses Tree（结果树分析）和 Causes Tree（原因树分析）；而数据集分析侧重动态分析，它主要研究工作变量及其相关变量随时间的变化情况，包括 Causes Strip（原因图分析）、Graph、Table 和 Runs Compare（运行比较列表）。

参考文献

［1］Andrew Ford. 环境模拟−环境系统的系统动力学模型导论［M］. 唐海萍，史培军，译. 北京：科学教育出版社，2011.

［2］王其藩. 系统动力学（2009 年修订版）［M］. 上海：上海财经大学出版社，2009.

［3］刘宏业. 工业系统安全管理及其影响经济可持续发展的研究［D］. 天津：天津大学，2004.

［4］梁志林. 我国高技术产业创新能力的系统动力学研究［D］. 郑州：华北水利水电大学，2014.

［5］李静. 基于 SD 模型的煤矿安全系统的脆性评价［D］. 郑州：华北水利水电大学，2013.

第2章 基于系统动力学模型的煤矿安全系统脆性评价

2.1 研究背景和文献综述

2.1.1 研究背景

2007年，煤炭在中国一次性能源生产及消费结构中所占的比重较高，分别为76%和68.9%，并且煤炭将在很长时间内持续作为中国的主要能源，因此为了确保中国可持续发展的顺利进行，必须合理开发利用煤矿资源。基于煤炭开采具有较强的特殊性，煤矿安全生产问题一直是中国安全管理问题的重中之重。

近几年，受各种因素的制约与限制，中国煤矿事故多，其造成的损失比较大、伤亡也较重。在这种恶劣的环境尚未得到扭转的情况下，许多新的情况层出不穷，以至中国煤矿安全评价工作面临着严峻的挑战及威胁。煤矿工人日日持有的希望"保护人身安全"与煤矿企业时有发生的重大伤亡事故形成鲜明的对比，使煤矿开采业的发展受到严重的阻碍。因此，政府对煤矿企业的安全管理工作提出了更多的要求，为企业提供一定比例的国家安全投入资金，进行煤矿安全仪表设备和控制系统的研制及开发应用工作，改善煤矿安全生产环境，并制定了一整套相关的煤矿安全生产法律法规，成立了较为完善的组织管理机构。同时，跟随着发达国家职业安全卫生的发展步伐，中国不得不要求煤矿安全产出水平有较大幅度的提高。

中国煤矿安全开采工作的基础稍加薄弱，经过政府和企业的努力，煤矿安全生产状况虽然有所好转，煤矿行业百万吨死亡率大幅度降低，但与国外发达国家相比差距甚大，井下伤亡事故时有发生，煤矿瓦斯事故仍然很严重，这已成为制约中国煤炭行业快速发展的"瓶颈"。据统计，2008年中国煤矿企业死亡人数3215人；2009年死亡人数2631人；2010年煤矿企业死亡人数2433人，居各行业之首[1]。由于煤矿生产中存在各种不利的客观及主观条件，若要从本质上真正意义地解决煤矿生产中的不安全行为，必须怀着严谨的态度，努力分析煤矿安全系统，探讨煤矿生产中较为有效的管理方法及模式，以至我们能够更好地管理和监督煤矿安全评价工作。

因此，针对煤矿安全体系建立系统动力学模型，并对其进行脆性过程的分析具有一定的指导作用。

2.1.2 文献综述

（1）国外煤矿安全评价的研究概况。人类的生存依赖于大自然，在人类对其进行开采索取的时候，必须不断地投入和付出才能获取价值。然而，在人类努力提高生产力的同时，也有许多不安全行为，由于起初生产规模和活动范围较小，并未出现很突出的安全问题。二战后，工业发展大幅度变化，生产规模与原来相比可谓"天壤之别"，特别是化工行业的高速发展。在化学产品生产的过程中，物的不安全状态和人的不安全行为使得有害气体泄漏、爆炸、火灾各种重大事故时有发生，进而引起了社会对安全评价问题的关注。20世纪30年代，保险业最先使用了安全评价方法[2]。之后，安全评价技术的相关理论和方法进入全面发展的阶段。具体见表2-1。

表2-1　国外煤矿安全评价的发展概况

时间	发展状况
1961	在对导弹发射系统进行安全评价时，美国的Watson运用了事故树分析法
1964	美国化学公司DOW首次针对化工企业生产危险进行安全评价，提出了传统的DOW指数评价法
1972	麻省理工学院的研究人员受美国原子能委员会的委托对核电站展开了安全评价
1974	英国发布了《企业安全活动评价标准》，并提出了优良可劣评价法，将其应用于煤矿安全系统的评价中
1976	基于DOW火灾爆炸指数评价法，荷兰劳动安全局也提出了相应的化学企业危险评价法
1977	为了提高矿山开采的安全水平，美国颁布了相关的法律——《联邦矿山安全与健康法》
1982	欧洲共同体（European Communities）颁布并实施了《关于工业活动中重大危险源的指令》
1988—1990	国际劳动工人组织（International Labor Organization，ILO）先后发行了《重大事故控制指南》及《重大工业事故预防实用规程》

由于对煤矿安全评价的质量要求越来越高，使得各种安全评价方法得以进一步发展和优化，尤其是系统动力学方法在煤矿安全评价中的应用。它将定性与定量的分析方法结合起来，对系统进行安全评价。

（2）国内煤矿安全评价的研究概况。首先，简单介绍两个煤矿事故的案例，通过这两个案例来了解一下中国煤矿安全管理的现状：2011 年 10 月 27 日凌晨的 0 点 36 分左右，河南焦作的九里山矿 16 采区 16031 上风道绝境工作面发生了一起煤与瓦斯突出事故，事发时井下有 18 名工人作业，致使 7 人遇难，11 人下落不明，政府对各级责任人给予了相应的处分。

2012 年 12 月 05 日云南省富源县黄泥河镇上厂煤矿发生煤与瓦斯突出事故，事故发生时，当班下井 66 人，17 人遇难，6 人受伤。据当地相关部门分析，事故地点处于地质构造带，属瓦斯应力聚集区，煤矿未采取瓦斯防治措施，擅自打开密闭生产，放炮作业诱发煤与瓦斯突出导致事故发生。事发后，该县煤炭局局长等 8 人被停职，遇难者家属与煤矿达成赔偿协议，每个遇难者的赔偿标准为 99 万元。

中国煤矿安全事故频频发生，造成的损失不可估量，安全工作得到政府、煤矿企业的高度重视。国家和企业在保证煤矿安全生产的同时，不断增加安全投入，确保煤矿安全水平达到安全目标。中国煤矿安全评价的发展概况见表 2-2。

表 2-2　国内煤矿安全评价的发展概况

时间	发展状况
1981	原劳动人事部刚刚开始安全评价技术的研究工作
1982	原煤炭工业部制定了《矿井通风质量标准及检查评定办法》
1986	中国针对部分特殊行业做了"危险程度分级"工作
1988	中国机械电子工业部发行了第一套机械安全评价标准——《机械工厂安全评价标准》
1992	中国化工部实施了《化工厂危险程度分级办法》
1995	原劳动部与高校合作对"易燃、易爆、有毒重大危险源"进行了识别与评价。
1997	对《机械工厂安全评价标准》进行了修订
2001	中国成立了国家安全生产监督管理局
2002	中国颁布并实施了《中华人民共和国安全生产法》
2004	河北省煤矿安全监察局颁布了《河北省煤矿安全评价标准》

中国针对煤矿行业的安全评价颁布了很多标准，但并没有从本质上控制事故的发生，因为煤矿安全评价工作综合性较强，它不仅涉及逻辑学、心理学、管理学等社会科学的知识，还涉及数学、自然科学的相关知识[3]。而近年来，大多数学者都是从理论或定性的角度出发，分析探讨煤矿企业

事故发生的原因和机理，很少一部分学者通过用灰色预测法[4]、补偿模糊神经网络[5]、BP 神经网络[6]等方法定量的研究煤矿安全系统，这些方法重点研究的是煤矿系统指标的分类，或研究对象的预测，并未从系统工程的角度分析各指标之间的关系。因此，用系统动力学的方法结合脆性理论研究研究煤矿安全评价水平对其安全管理工作有一定的参照意义。

（3）国外脆性理论的研究概况。国际的大舞台上，针对复杂系统及其相关问题的研究最早开始于美国。20 世纪 80 年代，"夸克之父"盖尔曼·阿罗等三位诺贝尔奖获得者创办了美国圣塔菲研究所（Santa Fe Institute，SFI），它是世界比较知名的复杂性科学研究中心，主要从事生物科学、计算科学、社会科学和物理科学等多门学科的交叉综合性研究[7]。通过研究人员的不断努力，又开创了基于 Agent 的建模方法及 Multi-Agent 研究方法体系，并相继提出并发展了复杂适应系统（Complex Adaptive System，CAS）的相关理论及其分析研究方法[8]。总之，建立模型并对系统进行仿真模拟是分析研究复杂系统的常用方法和手段。

系统由简单到复杂，是一个不断扩大规模的发展过程。20 世纪 90 年代，研究人员分析研究的复杂系统主要出现在社会系统、经济系统、环境系统等各个方面，采用的研究方法主要是"实证研究"。由于研究人员对当时出现的系统崩溃现象做了相关记录分析，最后提出了脆性理论，随即对各行业出现的脆性问题做了更近一步的研究。

近些年，国外学者从脆性角度对复杂系统进行的分析研究，其成果涉及社会生活的很多方面，主要包括银行、低碳节能环保、股市、航天制造系统、港口、人工神经网络、电力、道桥、能源等各个领域，具有一定的实际意义。

科尔（L. H. Keel）（1997）分析研究了闭环控制系统的脆性过程，受到美国国家航空航天局（National Aeronautics and Space Administration，NASA）的大力支持和鼓励[9]。当闭环控制系统的系数受到一定的干扰时，其稳定性会受到相应的影响[10]。而 Domenico Famularo 将线性矩阵不等式应用于鲁棒控制系统及其脆性研究中，同样受到 NASA 的支持。秋山（Akiyamaa）（2000）使用其他一些相关的理论与方法在美国陆军实验室对研究对象的脆性过程进行了分析研究，并得到了使用价值很高的研究成果[11]。

苏特（Soutter）、马克斯·穆西（Marc Musy）（1998；1999）等学者主要分析研究社会环境复杂系统的脆弱性，他们曾经将蒙特卡罗分析法应用在环境污染系统的脆性分析过程，首先针对杀虫剂等毒药对地表土壤和地下水资源的影响及危害做了敏感性分析，进而分析研究了整个外部环境系统受到污染后，对整个地球造成了负面影响而呈现出一定的脆弱性[12][13]。

20 世纪 90 年代末，通讯及互联网行业迅速发展，成为重点行业之一。但它们的安全体系并不完善，常常受到黑客们的攻击，因此不得不考虑网络和通信系统运行过程中所出现的脆性问题。蒙顿（Monton）和沃德（V. Ward）（1997）认为：若想从根本上解决网络和通信系统中出现的脆性问题，必须在其设计阶段进行创新[14]。在太空中，时刻运行的国际空间站总有被垃圾穿透的风险，威利亚姆森（Wlilliamsen）将定性与定量的分析方法结合起来，对这种风险发生时空间站所面临的脆性问题进行了研究。

霍兰德（J H. Holland）（1986）从社会环境与自然规律之间的关系出发，基于遗传算法与人工智能理论，分析探讨了复杂系统的内部结构，发现系统内部存有脆性环节[15]。当复杂系统的子系统受到严重摧毁，而使整个系统接近崩溃时，可以计算脆性联系熵来衡量破坏程度。

（4）国内脆性理论的研究概况。随着社会经济的高速发展，社会系统的组织结构也发生了重大变化，经济、环境等各子系统的规模不断扩大，且它们之间的相互作用关系错综复杂，致使整个社会系统依赖的外部环境也存在一定的不确定性。当子系统受到外部环境的冲击时，会出现脆性问题，最终导致整个系统崩溃，系统崩溃以后又会对外部环境产生一定的影响。国防部科工委的领导亲恩杰就这问题，在一次会议上讨论了复杂系统的脆弱性，他在研讨会上强调了研究复杂系统脆弱性的重要意义，并指出分析复杂系统内部的运行规律，有助于我们及时发现其存在的脆弱性环节，指导我们采取相应的措施，避免系统脆性崩溃。

近几年，基于脆性理论的完善，国内学者在自然灾害、计算机科学工程、环境污染、能源安全等多个领域做了很多有价值的分析研究。例如，为了避免计算机软件的脆性爆发，使得计算机的应用更为智能化，王国梁（1993）将理论知识应用到推理过程，以减少系统间信号交互所产生的成本[16]。

21 世纪初期，基于模糊数学、博弈论、熵、突变理论、集对分析、元胞自动机等理论基础，建立了最初的复杂系统的脆弱性理论[17]。复杂系统的脆弱性研究至今已有了较为完善的理论体系，国内学者金鸿章（2004；2005；2006）教授基于对复杂系统的分析研究，在中国首次提出了复杂系统的"脆性"概念，并对一些常见的脆性模型进行了详细阐述[18][19][20]。

韦琦、金鸿章（2003）等在对复杂系统的脆性过程进行分析研究时，将集对分析法运用于脆性基元内，提出了脆性联系熵的概念，并建立了相关函数。结合复杂系统的博弈动力学理论，构建指标体系，建立系统动力学模型，综合应用非合作博弈的相关知识，分析得到整个系统脆性崩溃的关键因素在于子系统间存在非合作博弈关系[21]。

严太华和艾向军（2007）基于系统论的观点，将金融体系分为金融市场子系统、金融监控子系统等多个子系统，他们认为导致金融体系脆性爆发的主要原因在于所依存的外部环境及其内部的组织结构，通过学者们的深入分析和研究，提出了金融体系的相关脆性理论，并建立了包括外部环境和内部结构因素的脆性结构模型[22]。

吴红梅、金鸿章（2009）针对复杂系统中存在的不确定性，基于熵理论，给出了一些脆性指标的定义。例如，脆性风险熵、子系统的脆性联系熵、系统的脆性熵，并用这些指标从不同角度分析研究了复杂系统中的不确定因素[23]。

阴仁杰（2011）将脆性理论应用到钢铁供应链的复杂系统中，提出了供应链系统的脆性概念，并用主成分分析方法构建了钢铁供应链的脆性因子体系，通过对其系统内部的运行机制研究，最终建立了钢铁供应链的脆性结构模型及其风险预测模型[17]。

总之，中国学者基于脆性理论的研究不断地延伸到各个领域，其脆性结构模型也在逐步扩充，这将有利于脆性理论及其方法体系得以完善。

2.2 研究意义和技术路线

2.2.1 研究意义

安全是指在人类生产活动过程中，将系统的运行状态对人类的生命、财产、环境可能产生的损害控制在人类能接受水平以下的状态。它是人类生存的基本保证，也是国家稳固发展的基石。对于企业而言，安全效益是衡量其优劣的重要指标之一。然而，由于人的不正确操作，物的不稳定状态，环境的多变和领导班子的管理不到位，使得煤矿事故频频发生，造成重大的人员伤亡及财产损失。在中国的各种安全事故中，煤炭生产伤亡事故占的比重远远超出其他行业。1999 年，河南平顶山韩庄矿务局二矿"8.24"特大瓦斯煤尘爆炸，死亡 55 人，重伤 5 人；2000 年，徐州大黄山矿"1.11"透水事故，死亡 20 人；2001 年，吉林某矿冒顶透水，死亡 21 人；江苏某矿井下爆炸，死亡 92 人等[24]。

年年有事故，岁岁有哭声，这是多么不和谐的一种音符。煤矿事故的发生不仅给人民的生命、财产造成了巨大的损失，还遏制了社会的可持续发展，对其造成不良影响。一次次"惨案"告诉我们：应把煤矿安全工作放在首位，"安全第一"，只有这样组织的效益才会更高，信誉度也会更好。因此，研究煤矿安全评价体系，建立相应的因果回馈及系统动力学模型，并进行脆性分析，具有一定的理论意义和实践意义，具体包括以下两个方面：

（1）理论意义。系统动力学的因果关系和结构可以决定系统的行为，借助系统动力学软件 Vensim 进行仿真，分析整个系统的动态行为与结构功能的内在联系，可以找到影响工作变量（分析对象）的因素指标。而煤矿安全评价系统最为显著的特征就是其具有系统性，将系统动力学的理论用于煤矿安全评价系统，有助于从定性和定量两个层面分析煤矿安全水平的动态趋势，进而对制定煤矿安全评价措施提供一定的参照依据。

（2）实践意义。基于系统动力学理论对煤矿安全系统进行评价，运用灰色关联度和脆性理论分别对影响煤矿安全水平的外部因素和内部因素进行分析，找出影响煤矿安全水平的外部及内部关键因素，本章不但应用系统观点分析了煤矿安全系统的动态行为，而且从灰色关联分析和复杂系统的脆性过程考虑了外部因素和内部因素各个指标对整个煤矿安全系统的影响程度，并针对外部关键因素和内部关键因素提出了一些改进措施及建议，这样的思路具有一定的现实意义。

2.2.2 技术路线

本章分别从煤矿安全系统的外部因素和内部因素两个方向分析了煤矿安全状况。在分析外部因素对煤矿安全水平的影响时，首先运用灰色关联分析进一步筛选指标并得出影响煤矿安全水平的外部关键因素，然后建立系统动力学模型分析外部因素对煤矿安全水平的影响；而在分析内部因素对煤矿安全水平的影响时，首先基于事故发生机理得出影响煤矿安全水平的内部因素有人、物、环、管，其次通过四个因素子系统的相关指标对安全效益的影响建立系统动力学模型，分析内部因素对煤矿安全水平的影响，最后运用脆性理论得出影响煤矿安全水平的内部关键因素。拟采用的技术路线如图 2-1 所示。

2.3 　外部因素对煤矿安全水平影响的评价

2.3.1 煤矿安全系统外部因素灰色关联度分析

（1）煤矿安全水平的外部因素分析。煤矿安全死亡人数是评判煤矿安全水平的重要指标之一，它受到外部环境不同程度的影响。通过专家咨询法可以得到，影响煤矿安全死亡人数的外部指标主要有中国的就业人数、

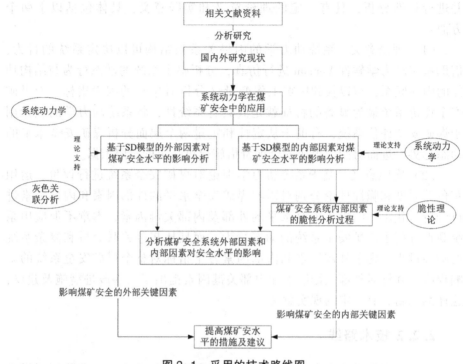

图 2-1　采用的技术路线图

从业人数、煤矿利润、煤炭平均售价、煤炭消费总量、国家安全投入、吨煤安全费用、原煤产量[25]。这些相关指标都是宏观层面影响煤矿安全水平的外部重要因素，它们对安全事故死亡人数的影响程度有所不同。

　　为了对煤矿安全系统近几年的安全状况进行分析评价，查阅统计年鉴及相关资料，收集了煤矿安全系统外部因素 2008—2010 年的相关数据，具体见表 2-3。由于死亡人数受外部因素的影响趋势并不是完全清楚，在一定程度上具有一定的"灰色"性质，再加上各指标单位上的不统一，以至不能用敏感性分析找出影响死亡人数的外部关键因素，因此需要运用灰色系统相关理论进行关联度分析，得出影响死亡人数的外部关键因素。另外，在后续的系统动力学模型构建过程中，针对 2008—2010 年小样本数据采用了 lookup 表函数进行建模，以便更为准确地从量的角度分析评价国内煤矿安全状况。

表 2-3　影响煤矿安全水平的外部因素及其统计数据

项目	2008 年	2009 年	2010 年
死亡人数 $x_1(k)$ /人	3215	2631	2433
就业人数 $x_2(k)$ /万人	540. 4	553. 7	562. 0
从业人数 $x_3(k)$ /万人	535. 56	544. 65	553. 90
煤矿利润 $x_4(k)$ /亿元	1273. 68	1514. 84	1756
煤炭平均售价 $x_5(k)$ /元/吨	272. 48	298	322. 36
煤炭消费总量 $x_6(k)$ /亿吨	28. 11	29. 58	31. 22
国家安全投入 $x_7(k)$ /亿元	30	32	32
吨煤安全费用 $x_8(k)$ /元	30. 66	38. 13	47. 43
原煤产量 $x_9(k)$ /亿吨	28. 02	29. 73	32. 35

数据来源：根据中国统计年鉴 2011、中国能源统计年鉴 2011、国家煤炭工业网整理所得。

（2）灰色关联度分析及外部关键因素确定。煤矿安全系统外部因素灰色序列确定。设煤矿安全系统外部因素的特征序列为死亡人数 X_1，其中：$X_1 = [x_1(1), x_1(2), x_1(3)]$。对应的相关因素序列为就业人数 X_2、从业人数 X_3、煤矿利润 X_4、煤炭平均售价 X_5、煤炭消费总量 X_6、国家投入 X_7、吨煤安全费用 X_8，原煤产量 X_9，其中：$X_i = [x_i(1), x_i(2), x_i(3)]$，（$i = 2, 3, \cdots, 9$）[26]。

1）数据的无量纲处理。由于外部因素各指标单位上不统一，并且数值存在较为明显的差异化。因此，为了避免单位不统一或者数据差异化造成分析结果不准确的情况发生，首先需要对外部因素各指标进行无量纲处理。本章将运用灰色理论中的初值化算子对外部因素序列进行数据的无量纲处理，具体公式如下：

$$X'_i = X_i/x_i(1) \tag{2.1}$$

其中：$x_i(1)$ 为 X_i 序列的第一项数据，X'_i 为 X_i 序列无量纲处理后的相应序列。

2）灰色关联度计算。煤矿安全系统外部因素的特征序列为死亡人数序列 X_1，而剩余的序列为相关因素序列 X_i。设 $\xi_{1i}(k)$ 为 k 时刻 $x_1(k)$ 与 $x_i(k)$ 之间的关联系数，具体公式如下[29]：

$$\xi_{1i}(k) = \frac{\Delta_{min} + \zeta\Delta_{max}}{\Delta_{1i}(k) + \zeta\Delta_{max}} \tag{2.2}$$

式中：ζ 为分辨系数，取 $\zeta = 0.5$，$\Delta_{\min}$ 为各时刻 $x_1(k)$ 与 $x_i(k)$ 的最小绝对差值，即：

$$\Delta_{\min} = \min_i \min_k \left| x_1(k) - x_i(k) \right|, \ k = 1,\ 2,\ 3;\ i = 2,\ 3,\ \cdots,\ 9$$

$$(2.3)$$

$\Delta_{\max}$ 为各时刻 $x_1(k)$ 与 $x_i(k)$ 的最大绝对差值，即：

$$\Delta_{\max} = \max_i \max_k \left| x_1(k) - x_i(k) \right|, \ k = 1,\ 2,\ 3;\ i = 2,\ 3,\ \cdots,\ 9$$

$$(2.4)$$

$\Delta_{1i}(k)$ 为 k 时刻 $x_1(k)$ 与 $x_i(k)$ 的绝对差值，即：

$$\Delta_{1i}(k) = \left| x_1(k) - x_i(k) \right| \qquad (2.5)$$

绝对值关联系数 $\xi_{1i}(k)$ 表示某个时刻相关因素序列 X_i 与系统特征序列死亡人数 X_1 之间的关联程度，为了将所有时间内的绝对值关联系数 $\xi_{1i}(k)$ 考虑在内，从整体上把握相关因素序列 X_i 与系统特征序列死亡人数 X_1 之间的关联程度，需求出所有时间内的绝对值关联系数 $\xi_{1i}(k)$ 的平均值，具体公式如下：

$$\gamma_{1i} = \frac{1}{n} \sum_{k=1}^{n} \xi_{1i}(k) \qquad (2.6)$$

γ_{1i} 即为系统特征序列死亡人数 X_1 与相关因素序列 X_i 之间的绝对值关联度。

3）影响煤矿安全水平的外部关键因素。基于上述求解灰色关联度的方法，各相关因素序列 $X_i(i = 2,\ 3,\ \cdots,\ 9)$ 相对系统特征序列死亡人数 X_1 的灰色关联的具体计算步骤度如下：①计算序列初值像，见表2-4。②计算差序列，见表2-5。③计算极差，$\Delta_{\min} = 0.0000$；$\Delta_{\max} = 0.7902$。④计算关联系数，见表2-6。⑤ $X_i(i = 2,\ 3,\ \cdots,\ 9)$ 序列与序列 X_1 的灰色关联度：

$\gamma_{12} = 0.7465$，$\gamma_{13} = 0.7510$，$\gamma_{14} = 0.6347$，$\gamma_{15} = 0.6901$，

$\gamma_{16} = 0.7185$，$\gamma_{17} = 0.7248$，$\gamma_{18} = 0.6050$，$\gamma_{19} = 0.7059$

表2-4 序列初值像数据

序列	初值像		
X_1	1.0000	0.8184	0.7568
X_2	1.0000	1.0246	1.0400
X_3	1.0000	1.0170	1.0342
X_4	1.0000	1.1893	1.3787
X_5	1.0000	1.0937	1.1831

序列	初值像		
X_6	1.0000	1.0523	1.1106
X_7	1.0000	1.0667	1.0667
X_8	1.0000	1.2436	1.5470
X_9	1.0000	1.0610	1.1545

表 2-5　序列差序列数据

序列	差序列		
X_2	0.0000	0.2063	0.2832
X_3	0.0000	0.1986	0.2775
X_4	0.0000	0.3710	0.6219
X_5	0.0000	0.2753	0.4263
X_6	0.0000	0.2339	0.3539
X_7	0.0000	0.2483	0.3099
X_8	0.0000	0.4253	0.7902
X_9	0.0000	0.2427	0.3978

表 2-6　$X_i (i = 2, 3, \cdots, 9)$ 序列相对 X_1 的关联系数

序列	关联系数		
X_2	1.0000	0.6570	0.5825
X_3	1.0000	0.6655	0.5874
X_4	1.0000	0.5157	0.3885
X_5	1.0000	0.5893	0.4810
X_6	1.0000	0.6281	0.5275
X_7	1.0000	0.6141	0.5604
X_8	1.0000	0.4816	0.3333
X_9	1.0000	0.6195	0.4983

通过比较可得 $\gamma_{13} > \gamma_{12} > \gamma_{17} > \gamma_{16}$。也就是说，从业人数相对煤矿行业死亡事故的关联度最大，其次是就业人数，随后是国家安全投入，最后是煤炭消费总量。由于开采行业需要的工作人员比较多，减少从业人员和

就业人员会影响到开采任务，因此在保证完成开采任务的前提下，若要提高国内煤矿安全水平，关键不是限制从业人数及其就业人数，而是增加国家安全投入，也就是说影响煤矿安全水平的外部关键因素是国家安全投入。

2.3.2 外部因素的煤矿安全系统系统动力学模型

从上节可以得到，影响煤矿安全死亡人数的外部因素主要有中国的就业人数、从业人数、煤矿利润、煤炭平均售价、煤炭消费总量、国家安全投入、吨煤安全费用、原煤产量[28]。通过计算灰色关联度又进一步筛选指标，其中从业人数、就业人数、国家安全投入、煤炭消费总量四个指标与其他指标相比，对煤矿安全死亡事故的影响较大，因此本节选用这四个指标建立系统动力学模型。

（1）煤矿安全系统外部因素的系统动力学流图。通过对煤矿安全系统外部因素的分析可知，就业率与就业人数之间、从业人数与就业人数之间、煤炭消费量与国家安全投入之间存有正因果关系，而国家安全投入与死亡人数之间存在负因果关系，其中各变量之间的数学关系式如下：

从业人数＝integ（就业人数–死亡人数，从业人数初始值）

国家安全投入＝国家安全投入 lookup（煤炭消费量）

就业人数＝上一年从业人数 * 就业率

死亡人数＝死亡人数 lookup(国家安全投入)

由此可得，外部因素对煤矿安全系统的系统动力学流图具体如图 2-2 所示。

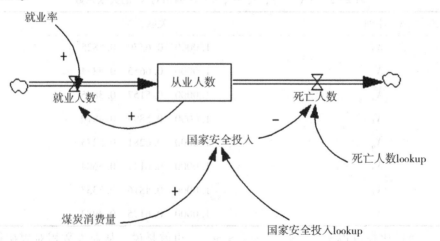

图 2-2　煤矿安全系统外部因素的系统动力学流图

选择"死亡人数"为工作变量，运行系统动力学流图，可以得到死亡人数的模拟数据, 具体如图 2-3 所示和见表 2-7。

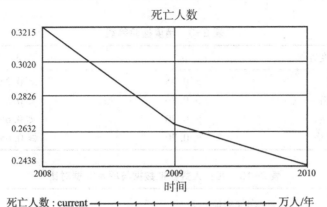

图 2-3　2008—2010 年的死亡人数模拟趋势图

表 2-7　2008—2010 年的死亡人数的模拟值

时间	死亡人数/人
2008	3215
2009	2669. 3
2010	2438. 17

（2）残差检验。任何模型只有通过检验, 才能用于评价或者预测。检验的过程一般是以实际数据为基础, 然后计算模拟值与实际值的相对误差, 如果误差比较大并且不满足实际要求, 那么需要利用残差系列对模型进行修正, 以不断完善所建模型, 尽量减小误差。记 0 阶残差为: $\varepsilon_i(0) = x_i(0) - \hat{x}_i(0)$, $i = 1, 2, \cdots, n$, 式中 $\hat{x}_i(0)$ 是通过运行模型得到的模拟值。残差均值、残差方差、原始数据均值和方差、后验差检查比值 c 和小误差概率 p 的公式具体见表 2-8[27]。

表 2-8　残差检验相关参数的计算公式

	残差	原始数据
均值	$\bar{\varepsilon}^{(0)} = \dfrac{1}{n}\sum\limits_{i=1}^{n}\varepsilon_i(0)$	$\bar{X} = \dfrac{1}{n}\sum\limits_{i=1}^{n}X_i(0)$
方差	$S_1^{\,2} = \dfrac{1}{n}\sum\limits_{i=1}^{n}(\varepsilon_i(0) - \bar{\varepsilon})^2$	$S_2^{\,2} = \dfrac{1}{n}\sum\limits_{i=1}^{n}(X_i(0) - \bar{X})^2$
后验差检查比值 c	$c = \dfrac{S_1}{S_2}$	
小误差概率 p	$p = p\{|\varepsilon_i(0) - \bar{\varepsilon}^{(0)}| < 0.6745S_2\}$	

其中，c 和 p 两个参数的值决定了模型的好坏，具体的精度检验等级见表 2-9。

表 2-9　精度检验等级

预测精度等级	p	c
好	> 0.95	< 0.35
合格	> 0.80	< 0.50
勉强	> 0.70	< 0.65
不合格	≤ 0.70	≥ 0.65

表 2-10　死亡人数模拟数据与原始数据对比

X_1	$X_1^{(1)}$（累加）	$\hat{X}_1$	$\hat{X}_1^{(1)}$
3215	3215	3215	3215
2631	5846	2669.3	5884.3
2433	8279	2438.17	8322.47

死亡人数模拟数据与原始数据的对比结果可见表 2-10。此外，根据表 2-8 的计算公式可以得出，残差均值与残差方程分别为：

$$\bar{\varepsilon}^{(0)} = 14.49, \; S_1 = 16.97; \; \bar{X} = 2759.67, \; S_2 = 331.96$$

则 $c = \dfrac{S_1}{S_2} = 0.051 < 0.35$；$p = p\{ |\varepsilon_i^{(0)} - \bar{\varepsilon}^{(0)}| < 0.6745 S_2 \} = 1 > 0.95$。

对照表 2-9 的精度检验等级，可以得到精度等级为"好"，即该模型模拟死亡人数的准确度及可靠度都比较高，也就是说可以使用该模型进行模拟仿真。

2.3.3 外部因素对煤矿安全水平的数据分析

（1）静态分析。图 2-4、图 2-5 分别以从业人数和死亡人数为工作变量，得到了相关的原因树图。图 2-4 表明，影响从业人数的直接指标有就业人数和死亡人数，由于从业人数是就业人数减去死亡人数后的积量，因此从业人数随着就业人数的增加而增加，随着死亡人数的增加而减少。图 2-5 显示，死亡人数是国家安全投入的 lookup 函数，它受到安全投入的重要影响，而政府对煤矿行业的安全投入受到煤炭消费量的限制，煤炭消费越多说明煤炭需求量越大，政府便会增加安全投入，带动企业加大开采力度、完善安全配置系统，进而减少煤矿安全事故的发生。总之，国家安全投入不仅影响着中国煤矿行业死亡人数，它还进一步影响着煤矿行业的从业人数。如果增加安全投入改善煤矿企业的安全生产条件，就会减少开采过程中伤亡事故的发生，以至出现以下两种引发从业人数增加的情况：一是从业人数会随着死亡人数的减少而增加；二是伤亡事故的减少会使得企业安全效益增加，从而从事煤矿开采工作的就业人数增加，最终使得中国煤矿开采业的从业人数呈现上升趋势。

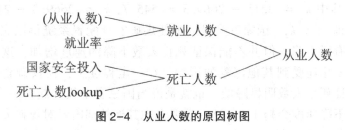

图 2-4　从业人数的原因树图

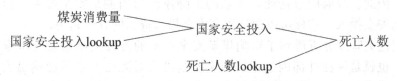

图 2-5　死亡人数的原因树图

（2）动态分析。死亡人数是评价煤矿安全水平的重要指标之一。死亡人数越少，煤矿行业的安全工作做得越好，煤矿安全水平越高。模型检验后的死亡人数模拟情况具体如图 2-6 所示，该图显示 2008—2010 年期间煤矿行业死亡人数不断下降，具体数值为 3215 人、2669.3 人、2438.17 人，相应的国家安全投入为 30 亿元、32 亿元、32 亿元。2008—2010 年期间，国家不断投入安全资金改善煤矿开采条件，提高采矿人员安全保护意识，降低煤矿企业事故发生率。

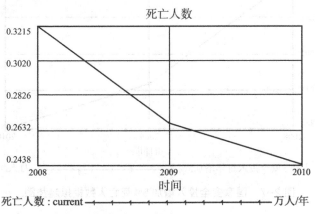

图 2-6　模型检验后的死亡人数模拟趋势图

2008—2010 年期间，国家安全投入的增加为煤矿行业的安全生产提供了有力帮助。2009 年与 2010 年的安全投入虽然都是 32 亿元，但 2010 年的安全投入更加完善了 2009 年的安全配置系统，改善了煤矿企业的安全生产条件，因此 2010 年的死亡人数小于 2009 年的死亡人数。然而，2008—2009 年死亡人数的下降速度 k_1 与 2009—2010 年死亡人数的下降速度 k_2 显然不一，其中 k_1 = 3215 – 2669.3 = 545.7，k_2 = 2669.3 – 2438.17 = 231.13，即 $k_1 > k_2$。国家安全投入虽使煤矿安全配置系统得以完善，煤矿死亡人数有所下降，但并不能保证死亡人数下降的速度增加，这是因为死亡人数的变化还受到其他因素的影响。在一定程度上，仅仅调整安全投入并不能保证死亡人数明显降低，也就是说当国家安全投入超过一定限度时，死亡人数下降速度会趋于 0，这时需要考虑其他外部因素对煤矿安全水平的影响。因此，政府应根据死亡人数的下降速度适当调整安全投入，而非盲目增加安全投入，这样可以保证国家安全投入资金的有效利用。

灰色关联度分析得到了影响煤矿安全水平的外部关键因素是国家安全投入，也就是说在外部因素中，国家安全投入对死亡人数的影响最大。因此，本文仅仅研究了外部关键因素国家安全投入的变化对死亡人数的敏感性影响，具体如下：

当国家安全投入每年增加 5% 或减少 5% 时，对应的死亡人数变化分别如图 2-7、图 2-8 所示。图 2-7 显示，当国家安全投入每年增加 5% 时，死亡人数与原始数据（Current）相比明显下降，即增加安全投入会提高煤矿行业安全水平；

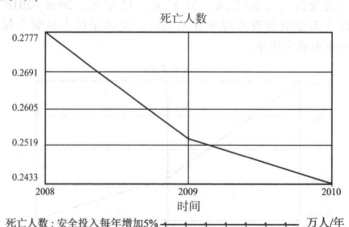

图 2-7　国家安全投入增加 5% 死亡人数模拟趋势图

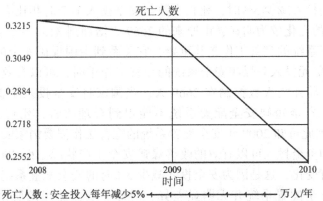

图 2-8　国家安全投入减少 5% 死亡人数模拟趋势图

而图 2-8 显示，当国家安全投入每年减少 5% 时，死亡人数与原始数据（Current）相比明显上升，也就是说当国家减少安全投入时，煤矿行业安全状况有所恶化。图 2-9 中可以清楚地看出，当国家安全投入每年增加 5% 或者减少 5% 时，死亡人数会随之变动。当安全投入增加 5% 时，死亡人数与安全投入不变时相比有所下降，其中 2008 年的变化较为明显，由原来的3215 人减少到 2777 人，这是因为国家安全投入的增加促使安全配置系统完善程度显著提高，员工安全意识得以加强，在一定程度上有效预防了煤矿安全事故的发生，减少了死亡人员数量，提高了国内煤矿安全水平状况。而 2010 年的死亡人数变化却很小，由原来的 2438 人减少到 2433 人，这说明安全投入虽增加 5%，但对安全配置系统的贡献并不显著，以至死亡人数无明显差异，也就是说 2010 年增加的安全投入资金并未得到充分利用，反而使得煤矿安全生产成本有所增加，造成资金浪费，因此不能仅凭增加安全投入来提高中国煤矿安全水平。

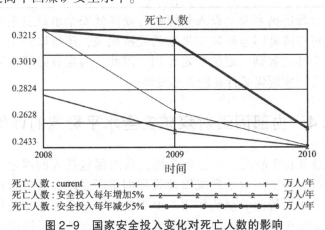

图 2-9　国家安全投入变化对死亡人数的影响

当安全投入减少 5% 时，死亡人数与安全投入不变时相比有所上升，其中 2009 年的变化较为明显，由原来的 2669 人增加到 3134 人，这说明 2009 年安全配置系统的完善工作尤其重要，它关系到中国煤矿安全的发展趋势。国家将 32 亿元投入到煤矿安全系统的完善工作中时，可以有效地改善安全水平状况，将死亡人数控制在 2669 人；当国家将安全投入减少到 30.4 亿元时，由于资金短缺安全配置系统不能得到合理改善，死亡人数增加到 3134 人，因此可知 2009 年安全配置系统的完善工作需要国家安全投入做支撑，合理的资金投入可以有效的改善煤矿安全生产状况。而 2008 年的死亡人数却没有变化，这是因为安全投入减少 5% 时的安全配置系统与安全投入不变时的安全配置系统并无明显差异，对煤矿安全隐患的防范效果相同，也就是说 2008 年的国家安全投入 30 亿元并未得到合理利用，原因在于没有找到影响煤矿安全水平的"瓶颈"，安全配置系统虽有所完善，但对预防煤矿事故的发生并未起到显著作用。

从表 2-11 可以得到：2008—2010 年期间，安全投入增加 5% 时的死亡人数低于安全投入不变时的死亡人数，即煤矿安全整体水平显著提高；而安全投入减少 5% 时的死亡人数超出安全投入不变时的死亡人数，即煤矿安全整体水平有所下降。这正反映了图 2-2 中国家安全投入与死亡人数两指标间的负因果关系。

表 2-11　国家安全投入变化时的死亡人数

时间	国家安全投入 不变（Current）	国家安全投入 增加 5%	国家安全投入 减少 5%
2008	3215	2777	3215
2009	2669.3	2534	3134
2010	2438.17	2433	2553

总之，合理的国家安全投入是煤矿行业降低安全事故发生率的重要保障，它不仅可以降低因事故发生带来的经济损失，还可以产生一定的安全效益，对社会环境起到一定的稳定作用。因此，国家有必要配置一定量的安全投入资金以实现煤矿行业的长远发展。

2.4　内部因素对煤矿安全水平影响的评价

煤矿企业死亡事故是一个复杂系统，其内部包括人的因素子系统、物的因素子系统、环境因素子系统以及管理因素子系统，其中管理因素子系统对其他三个子系统起着制约作用。由于这四个子系统的相关指标直接影响着中国煤矿安全效益，再加上煤矿事故系统内部各子系统引发安全事的数据难以收集。因此，不能像第 2、3 节一样以"死亡事故"为研究对象来分析系统内部因素对煤矿安全水平的影响，而是从"煤矿安全效益"的角度分析了系统内部因素对煤矿安全水平的影响，最后根据安全效益的大小判定了煤矿安全等级。

2.4.1　煤矿安全系统内部因素影响及系统动力学模型构建

（1）煤矿安全水平的内部因素分析。基于事故发生机理的相关理论研究，导致煤矿企业事故频频发生的系统内部因素主要包括人的因素、物的因素、环境因素以及制约这三者的管理因素，这四个因素对煤矿事故的层次关系如图 2-10 所示[28]。

人的因素主要指人的不安全行为，它受到人的主观意识、掌握安全知识的程度和安全操作得当等各种因素的影响；物的因素主要指物的不安全状态，它受到机电设备、安全设备设施、开采技术条件以及地质条件等各种因素的影响；环境因素主要指开采环境恶劣，它受到井下空气调节以及矿井通风等各种因素的影响；管理因素主要指管理上的不合理，它受到管理制度、管理人员素质、安全教育培训以及管理劳动组织等各种因素的影响。

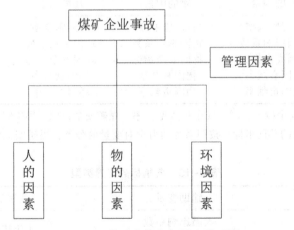

图 2-10　煤矿事故内部因素关系图

这四个内部因素直接影响着中国煤矿安全效益，安全效益越高，则安全水平就越高。当然，当安全效益超过目标值时，可以减少安全投入，这样也降低了煤矿开采成本；反之，则可以适当增加国家安全投入。

（2）构建煤矿安全系统变量集。考虑到内部因素是从安全效益方面影响煤矿安全水平的，通过查阅资料抽象出以下具有典型意义的指标：

1）影响系数——指国家安全投入对人、物、环、管四个子系统的影响程度，它受到安全投入分配值的影响，安全投入分配到某个子系统的值越高，该子系统的影响系数就越大。

2）影响率——指人、物、环、管四个子系统安全指标的增长速率，它等于国家安全投入与影响系数的乘积。

3）衰减率——指子系统发生煤矿安全事故时所造成的损失平均值（包括直接经济损失、安全配置资源的破坏）。

4）安全指标——指子系统的安全效益值，它等于影响率与衰减率差值的积分。

5）煤矿安全效益——指各子系统安全指标综合起来的经济值，反映了内部因素对煤矿安全的影响水平，它等于安全指标的加权求和。

6）贡献率——指子系统安全指标对煤矿安全效益的权重，考虑到人、物、环、管四个因素引发的事故概率不同，子系统安全指标对煤矿安全效益的贡献也就有所差异（事故发生率与贡献率呈反向变化），因此将安全指标赋予权重求和得出煤矿安全效益。

按照子系统划分，煤矿安全效益系统指标集见表 2-12[29]。

表 2-12　各子系统的相关指标

子系统	人的因素	物的因素	环境因素	管理因素
指标	人因影响率 人因影响系数 人因安全指标 人因衰减率 人因贡献率	物因影响率 物因影响系数 物因安全指标 物因衰减率 物因贡献率	环因影响率 环因影响系数 环因安全指标 环因衰减率 环因贡献率	管因影响率 管因影响系数 管因安全指标 管因衰减率 管因贡献率

注：国家安全投入、国家安全投入增长率、煤矿安全目标、煤矿安全效益四个指标属于四个子系统的共同指标。按照系统动力学对变量的分类，煤矿安全效益系统指标集见表 2-13。

表 2-13　各指标的变量类型

积量	辅助变量	速率变量
人因安全指标 物因安全指标 环因安全指标 管因安全指标 国家安全投入	人因影响系数 物因安全指标 环因影响系数 管因影响系数 人因贡献率 物因贡献率 环因贡献率 管因贡献率 煤矿安全目标 煤矿安全效益	人因影响率 人因衰减率 物因影响率 物因衰减率 环因影响率 环因衰减率 管因影响率 管因衰减率 国家安全投入增长率

（3）煤矿安全系统内部因素因果关系图及其静态分析。

1）煤矿安全系统内部因素因果关系图。当国家安全投入增加时，安全指标会随之增加，因此各安全指标对煤矿安全的贡献也会增大，即安全效益在不断增加，如果煤矿行业的安全效益整体水平达到国家制定的安全目标，国家则会适当减少安全投入，这样有利于资金的充分利用。根据表2-13变量类型的归类，可以得到煤矿安全系统内部因素的因果关系图，具体如图2-11所示。煤矿安全效益系统的因果关系图反应了煤矿安全效益系统内部的组织结构，它可以针对煤矿安全系统做静态分析。

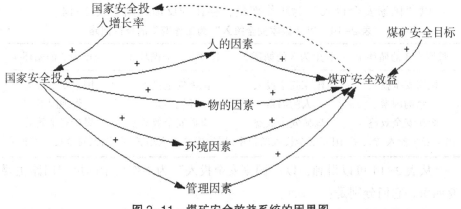

图2-11　煤矿安全效益系统的因果图

2）静态分析。下面分别以"国家安全投入""煤矿安全效益"为工作变量，分析两个指标与四个内部因素之间的静态关系，具体如图2-12、图2-13所示。

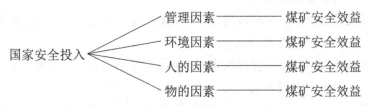

图2-12　国家安全投入与内部因素之间的关系

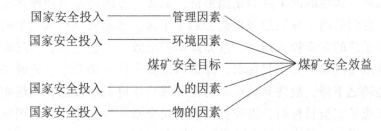

图2-13　煤矿安全效益与内部因素之间的关系

从图 2-12 可以得到，国家安全投入分为四部分，它们分别用于人因、物因、环因、管因四个方面的安全投入，并且这四个内部因素子系统最终将国家安全投入的输入值转化为煤矿安全效益，来反映煤矿安全水平的高低。从图 2-13 可以看出，该图与图 2-12 研究的对象不同，图 2-12 研究工作变量"国家安全投入"的用途、而图 2-13 研究工作变量"煤矿安全效益"的组成，但是实质上它们反映同样的问题，即通过四个内部因素子系统的作用最终将国家安全投入转化为煤矿安全效益，以提高中国煤矿行业的安全水平。

以"国家安全投入"为工作变量，存在的反馈回路见表 2-14。

表 2-14 以"国家安全投入"为工作变量的反馈回路

长度为 3 的循环 1	长度为 3 的循环 2	长度为 3 的循环 3	长度为 3 的循环 4
国家安全投入	国家安全投入	国家安全投入	国家安全投入
物的因素	人的因素	环境因素	管理因素
煤矿安全效益	煤矿安全效益	煤矿安全效益	煤矿安全效益
国家安全投入增长率	国家安全投入增长率	国家安全投入增长率	国家安全投入增长率

从表 2-14 可以得到，以"国家安全投入"为工作变量的反馈回路主要有四条，它们分别是：

国家安全投入 ↑ → 人的因素 ↑ → 煤矿安全效益 ↑ → 国家安全投入增长率 ↓ → 国家安全投入 ↓；

国家安全投入 ↑ → 物的因素 ↑ → 煤矿安全效益 ↑ → 国家安全投入增长率 ↓ → 国家安全投入 ↓；

国家安全投入 ↑ → 环境因素 ↑ → 煤矿安全效益 ↑ → 国家安全投入增长率 ↓ → 国家安全投入 ↓；

国家安全投入 ↑ → 管理因素 ↑ → 煤矿安全效益 ↑ → 国家安全投入增长率 ↓ → 国家安全投入 ↓。

四条反馈回路中，只有"煤矿安全效益 ↑ → 国家安全投入增长率 ↓"为负因果链，其他的因果链为正因果链，也就是说四条反馈回路都是负反馈回路，它们的动态发展趋势最终会趋于平衡。国家安全投入增加时，会使得各子系统的安全投入增加，进而煤矿安全效益也会增加，当煤矿安全效益达到或超过煤矿安全目标时，降低国家安全投入增长率，此时国家安全投入会随之下降，最终导致煤矿行业开采成本降低。反之，当煤矿安全效益低于煤矿安全目标时，需要提高国家安全投入增长率，此时国家安全投入会随之增加，以达到提高煤矿安全水平的目的。

（4）煤矿安全系统内部因素的系统动力学流图及其关键算法。

1）煤矿安全系统内部因素的系统动力学流图。根据表 2-13 可知，若要构建煤矿安全效益系统流图，则需要用到 5 个积量、10 个辅助变量、9 个速率变量，依照图 2-11 煤矿安全效益系统的因果关系图建立系统动力学流图，具体如图 2-14 所示。

2）煤矿安全效益与内部因素之间的数学关系式。系统动力学软件 Vensim 在建立流图时，关键的一步就是输入数学表达式，为了准确模拟影响煤矿安全的内部因素与安全效益之间的定量关系，指标间的数学逻辑表达式如下：

国家安全投入＝integ(+国家安全投入增长率，国家安全投入初值)

安全投入增长率＝if tehn else（煤矿安全效益＞煤矿安全目标，−1，+2）

影响率＝国家安全投入×影响系数

其中：∑影响系数＝1

安全指标＝integ(+影响率−衰减率，安全指标初值)

煤矿安全效益＝∑安全指标×贡献率

其中：∑贡献率＝1

影响系数、衰减率、贡献率等相关指标可以依据专家评分法确定其初值，也就是说邀请煤矿行业的专家，然后各位专家根据本行业的实际情况或者经验赋值，最后将专家们的赋值情况收集起来，求其算术平均值作为流图模型中相关变量初值。

3）残差检验。任何模型只有通过检验，方可用于评价与预测。图 2-14 已建立好煤矿安全效益系统的系统动力学流图，但并不能直接对其进行动态分析，我们只有通过检验，才能对其进行仿真模拟。现将煤矿安全效益系统的系统动力学流图运行，得出"国家安全投入"指标的模拟趋势图如图 2-15 所示，模拟值见表 2-15。

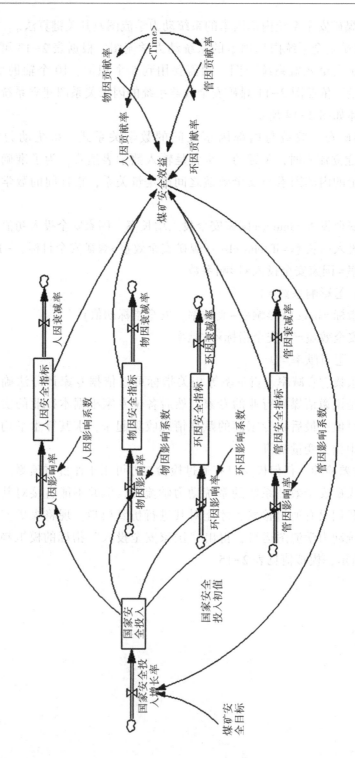

图2-14 煤矿安全系统内部因素的系统动力学流图

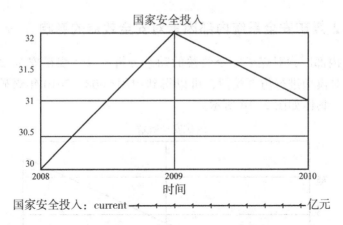

图 2-15　国家安全投入的模拟趋势图

表 2-15　国家安全投入的模拟值

时间/年	国家安全投入模拟值
2008	30
2009	32
2010	31

表 2-16　国家安全投入误差检验表

时间	真实值	模拟值	残差	相对误差 Δ_k
2008	30	30	0	0.00%
2009	32	32	0	0.00%
2010	32	31	1	3.13%

由表 2-16 可以得到：

平均相对误差 $\bar{\Delta} = \dfrac{1}{3}\sum\limits_{k=1}^{3}\Delta_k = 0.01043 = 1.043\% < 0.05$

模拟误差 $\Delta_3 = 0.0313 = 3.13\% < 0.05$

当 $\bar{\Delta} < \alpha$ 且 $\Delta_n < \alpha$ 时，所建模型通过残差合格检验。$\alpha = 0.01$ 时，模型精度等级为一级；$\alpha = 0.05$ 时，模型精度等级为二级；$\alpha = 0.10$ 时，模型精度等级为三级；$\alpha = 0.20$ 时，模型精度等级为四级。因此，该模型通过残差合格检验，其精度等级为"二级"，即该模型可以用于煤矿安全系统内部因素对安全水平的影响分析中。

2.4.2 煤矿安全系统内部因素对安全效益的影响

（1）内部因素对煤矿安全效益的动态分析。以"煤矿安全效益"为研究对象，对模型进行仿真模拟，可以得到中国 2008—2010 年煤矿安全效益的趋势图，具体如图 2-16 所示。

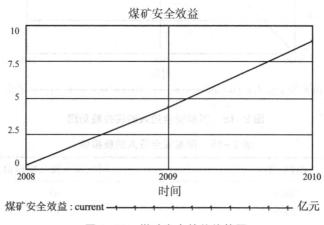

图 2-16　煤矿安全效益趋势图

从图 2-16 可以得到，2008—2010 年煤矿安全效益呈现上升趋势，这与图 2-6 中"死亡人数"呈现下降趋势反应同样的现状，即无论从外部因素还是从内部因素进行分析，煤矿安全水平都在提高。由表 2-17 可以得出图 2-16 中 2008—2009 年与 2009—2010 年的斜率不一致，前者为 $k_1 = 4.266 - 0.21 = 4.056$，后者为 $k_2 = 8.918 - 4.266 = 4.652$，$k_2 > k_1$，说明 2009—2010 年安全效益增长较快。2009 年、2010 年的国家安全投入高于 2008 年，以至子系统的影响率超过 2008 年的数值，另外安全指标具有累积特点，主要体现在国家投入安全资金完善资源配置是一个循序渐进的过程，也就是说当年的安全配置系统只能在往年的基础上更加完整、全面，事故的发生率也就由此降低，衰减率下降，子系统的安全指标变大，煤矿行业产生的安全效益便会明显增加，2009—2010 年的安全效益增长速度也因累积效应超出 2008—2009 年的增长速度。

表 2-17　煤矿安全效益的具体值

时间	煤矿安全效益
2008	0.21
2009	4.266
2010	8.918

（2）煤矿安全效益下安全水平等级的判定。

1）煤矿安全水平等级的判定。根据煤矿安全效益的具体值，通过专家咨询法将其划分为四个层次，也就是说将煤矿安全水平划分为四个等级，具体见表 2-18。

表 2-18　煤矿安全水平等级的划分

等级	煤矿安全效益 E /亿元	煤矿安全水平
一级	$E > 5$	优秀
二级	$3 \leqslant E \leqslant 5$	良好
三级	$1 < E < 3$	一般
四级	$E \leqslant 1$	很差

从表 2-17 可以得到，2008—2010 年中国煤矿安全效益分别为 0.21 亿元、4.266 亿元、8.918 亿元，也就是说 2008 年中国煤矿安全水平处于很差的水平，2009 年由于采取一定的措施使得安全水平有所提高，处于良好状态，2010 年的安全效益明显增加，煤矿安全水平属于一级。

2）依据安全水平等级提出相关对策。煤矿安全水平等级确定后，国家要根据中国煤矿企业所处的现状提出相应的宏观措施，具体如下：

煤矿安全水平属于一级，即处于优秀状态。这表明中国煤矿企业安全工作整体上做得都非常好，并且发生死亡事故的概率也有明显下降，中国煤矿企业可以放心进行开采工作，但仍要保持"安全为主，预防第一"的安全意识，严厉执行安全管理措施。

煤矿安全水平属于二级，即处于良好状态。这表明中国煤矿企业安全工作整体上做得还算比较好，并且发生死亡事故的概率较小，中国煤矿企业若要提高煤矿安全水平，使其更上一个新的台阶，需要加大煤矿安全管理力度，同时还需要借鉴国外开采业的成功经验以减少开采风险。

煤矿安全水平属于三级，即处于一般状态。这表明中国煤矿企业安全工作整体上做得不是很满意，并且发生死亡事故的概率较大，政府需要对企业施加压力，促使其加强安全管理工作，并查找出影响煤矿安全的重要因素。

煤矿安全水平属于四级，即处于很差状态。这表明中国煤矿企业安全工作整体上做得都不是很好，并且死亡事故频频发生，这就要求政府不但加大管理，还要求制定相关的政策，以督促企业狠抓安全工作，认真对待安全检查，制定全面的安全防范措施，并且做好职工的安全培训工作以提高职工的安全意识。

（3）内部因素对煤矿安全效益的敏感性分析。

1）"影响系数"变化对煤矿安全效益的影响。当人因影响系数为 0.7

时，其他三者为 0.1 时，对煤矿安全效益的影响如图 2-17 所示。从图 2-17 可以看出，2010 年的安全效益值为 8.918 亿元。当物因影响系数为 0.7 时，其他三者为 0.1 时，对煤矿安全效益的影响如图 2-18 所示。从图 2-18

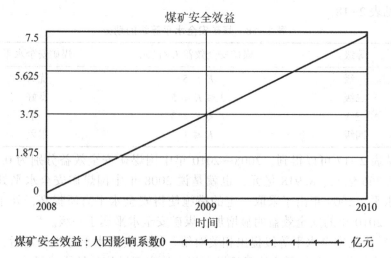

图 2-17　人因影响系数 0.7 时的煤矿安全效益

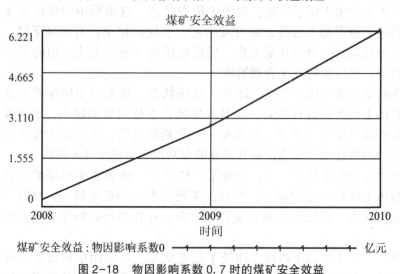

图 2-18　物因影响系数 0.7 时的煤矿安全效益

可以看出，2010 年的安全效益值为 6.221 亿元。当环因影响系数为 0.7 时，其他三者为 0.1 时，对煤矿安全效益的影响如图 2-19 所示。从图 2-19 可以看出，2010 年的安全效益值为 6.593 亿元。当管因影响系数为 0.7 时，其他三者为 0.1 时，对煤矿安全效益的影响如图 2-20 所示。从图 2-20 可以看出，2010 年的安全效益值为 15.52 亿元。

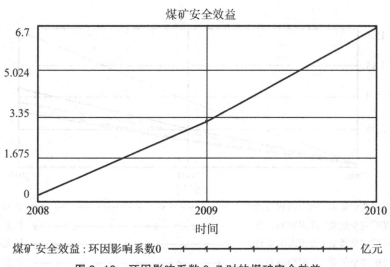

图 2-19　环因影响系数 0.7 时的煤矿安全效益

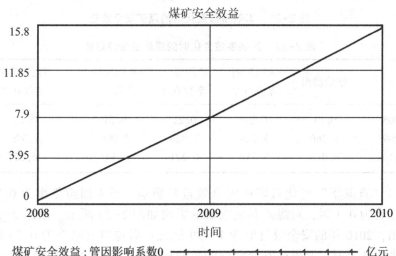

图 2-20　管因影响系数 0.7 时的煤矿安全效益

图 2-21 中可以直观地看到管因影响系数变化时的收益增长最快；而其他三种情况与原始的煤矿安全效益（current）相比有所下降，而下降最快的便是物因影响系数变化的情况，其次是环因影响系数变化，最后是人因影响系数的变化，见表 2-19。也就是说管因影响系数的增大会使煤矿安全效益有所增加，进而引起煤矿安全水平的提高，这将为煤矿企业改善煤矿安全状况提供一定的参照依据。

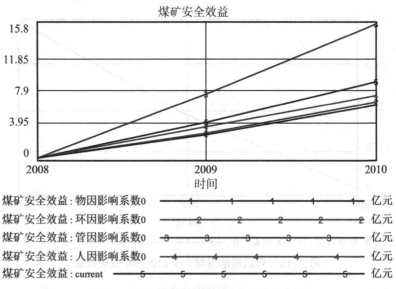

图 2-21　影响系数变化时的煤矿安全效益

表 2-19　影响系数变化时的煤矿安全效益值

时间	原始数据	人因影响系数 0.7	物因影响系数 0.7	环因影响系数 0.7	管因影响系数 0.7
2008	0.21	0.21	0.21	0.21	0.21
2009	4.266	3.726	2.826	3.006	7.506
2010	8.918	7.337	6.221	6.593	15.521

2）"贡献率"变化对煤矿安全效益的影响。当人因贡献率为 0.7 时，其他三者为 0.1 时，对煤矿安全效益的影响如图 2-22 所示。从图 2-22 可以看出，2010 年的安全效益值为 11.79 亿元。当物因贡献率为 0.7 时，其他三者为 0.1 时，对煤矿安全效益的影响如图 2-23 所示。从图 2-23 可以看出，2010 年的安全效益值为 12.39 亿元。当环因贡献率为 0.7 时，其他三者为 0.1 时，对煤矿安全效益的影响如图 2-24 所示。从图 2-24 可以看出，2010 年的安全效益值为 9.510 亿元。当管因贡献率为 0.7 时，其他三者为 0.1 时，对煤矿安全效益的影响如图 2-25 所示。从图 2-25 可以看出，2010 年的安全效益值为 6.81 亿元。

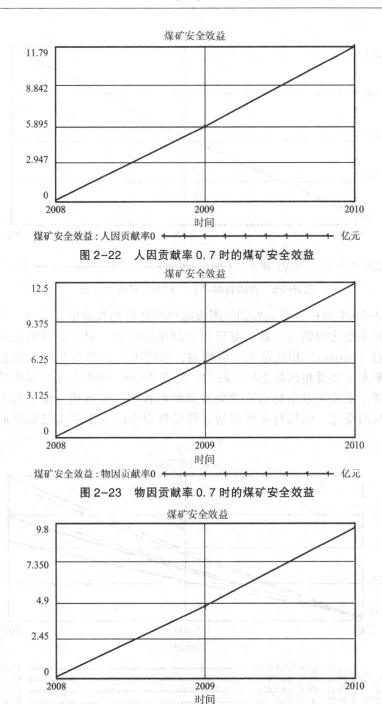

图 2-22　人因贡献率 0.7 时的煤矿安全效益

图 2-23　物因贡献率 0.7 时的煤矿安全效益

图 2-24　环因贡献率 0.7 时的煤矿安全效益

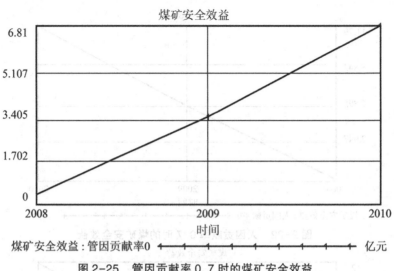

图 2-25　管因贡献率 0.7 时的煤矿安全效益

图 2-26 中可以直观地看到物因贡献率变化时的收益增长最快，其次是人因贡献率变化的情况，最后是环因贡献率的变化，但三者与原始的煤矿安全效益（current）相比是先减后增的，而管因贡献率变化时的效益与原始的煤矿安全效益相比是先增后减的，见表 2-20，原因在于贡献率的变化限制了各子系统安全指标对安全效益的影响程度。考虑到贡献率与事故发生率呈反向变化，煤炭行业可以通过降低物因事故发生率来提高煤矿安全效益。

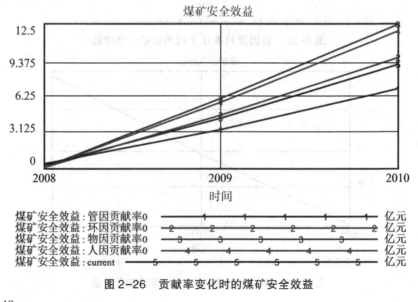

图 2-26　贡献率变化时的煤矿安全效益

表 2-20　贡献率变化时的煤矿安全效益值

时间	原始数据	人因贡献率 0.7	物因贡献率 0.7	环因贡献率 0.7	管因贡献率 0.7
2008	0.21	0.05	0.05	0.05	0.35
2009	4.266	5.67	5.97	4.53	3.33
2010	8.918	11.79	12.39	9.51	6.81

从图 2-21、图 2-26 中可以得到，调整管因影响系数和物因贡献率都可以使得安全效益以最快的速度增长，以至煤矿安全水平有所提高，但并不能判定人的因素、物的因素、环境因素和管理因素究竟哪一个子系统对煤矿安全水平影响最大，这是因为管因影响系数及物因贡献率指标属于两个不同的子系统，通过调整它们的值都可以达到提高安全效益的目的。由于各子系统包含的指标比较多，很难判定子系统对煤矿安全效益的综合影响结果，通过脆性分析得出影响煤矿安全水平的内部关键因素。

2.5　煤矿安全系统内部因素的脆性分析

煤矿企业安全事故系统可视为典型的复杂系统，它不但具有层次性、非线性、开放性等显著特点，如果受到某些外界因素的干扰，它还会发生一定程度的崩溃，这种崩溃性会随着系统复杂程度的增加而越发突出，我们将复杂系统的这种崩溃特性称之为"脆性"[30]。前面的分析结果不能断定影响煤矿安全的内部关键因素，本节将从复杂系统"脆性"的角度进行分析，以确定影响煤矿安全水平的内部关键因素。

2.5.1 复杂系统的综合理论

（1）复杂系统的涵义。复杂系统理论不但是系统科学的重要分支之一，它还涵盖了系统中难以用现有的方法论解决的系统动态行为[31]。因此，复杂系统理论不但继承了系统科学的优点，还基于系统科学建立了自己的理论体系。

20 世纪 30 年代，萌发了系统科学，它主要包括维纳的控制论、香农的信息论以及贝塔朗菲的一般系统论，这三种理论被称为"老三论"；当然，在 60 年代又相继出现了与之对应的"新三论"，主要包括托姆的突变论、哈肯的协同论以及普里高津的耗散结构论；而在 20 世纪 70 年代，诞生了以分形几何学、孤立子理论以及混沌理论为主题的非线性科学，这标志着系统科学的发展步入一个新的台阶。总之，经过研究人员的不断努力，复杂系统理论逐渐完善，并与其他学科有着不同程度的交集[32]。

基于不同的角度定义复杂系统，其概念各有不同，具有代表性意义的复杂系统定义如下：

CAS 学派将自适应性视为复杂系统最基本的特性；系统动力学派则认为复杂系统应该涉及反馈循环；而混沌学派则将复杂系统中的"复杂"定义为混沌[33][34][35]。

尽管各学派对复杂系统的定义侧重点不同，但与其涵义相比，他们认为复杂系统所具有的特征基本上一致[36]。

（2）复杂系统的基本特征。复杂系统结构复杂，其内部涉及诸多因素指标，并且这些指标之间存有错综复杂的作用关系，以至复杂系统具有以下显著特征。

1）非线性。非线性是复杂性产生的必要前提，也就是说系统存在非线性，才有可能是复杂系统。系统内部各指标之间错综复杂的作用关系是产生非线性的根本原因，它使得系统在任何情况下可能会存在两种状态，即有序状态和无序状态。

2）网络性。20 世纪 90 年代末，Nature 和 Science 各发表了一篇文章，首次公开表明复杂系统的内部结构具有网络特性[37]。大量的研究成果告诉我们，复杂系统所构成的网络是一种介于随机网络与规则网络之间的网络结构形态，这种网络不仅具有无标度性质，还具有小世界性质。

3）分形性。分形性指的是相对特征尺度而言，具有自相似性或者不变性。复杂系统的几何图形往往具有分数维数，或者在其内部结构上具有自相似性[38]。

4）初始敏感性。在最初的状态下，细微的差异会随着系统的变化而逐渐放大，我们称之为"蝴蝶效应"。

5）自适应性。随着外部环境因素的变化，复杂系统具有调节自身动态行为参数或组织结构的功能，这种功能就是所谓的"自适应"。CAS 理论告诉我们，系统和环境之间的反复作用及相互影响关系是促进系统向前发展、进化的根本动力。

6）时间与空间上的统一。复杂系统在时间和空间上具有统一性，因此，在研究复杂系统演化的空间模式的同时，还应对时间方向上的演变方式进行分析研究。

综上所述，非线性动态开放系统若具有以上一个或者多个特征，我们将其称为"复杂系统"。

（3）复杂系统的基本种类。在人类生活的环境中，几乎处处可见复杂系统，它涵盖了社会生活的方方面面[39]，其种类比较多样化。下面列举三个典型的复杂系统，来说明它存在的普遍性。

1）社会经济系统。经济是衡量一个国家发展状况的重要指标之一，因此，它受到各国研究人员的特别关注。根据研究的经济范围不同，可以将经济系统划分为不同规模的经济系统，比如郑州市经济系统、河南省经济系统、中国经济系统、全球性经济系统；根据地区内主要的经济商品不同，又可以将某规模的经济系统划分为不同的类别，比如在中国有钢铁、石油、农产品等，那么可以将中国经济系统划分为中国钢铁经济系统、中国石油经济系统、中国农产品经济系统等不同类别，并且这些系统不是独立存在的，而是会受到外部环境的影响。

2）生物系统。人类大脑产生思维的神经网络系统是一个典型的生物系统，神经网络是由许许多多的神经元构成，当其中一个神经元受到外界因素干扰时，便会产生相应的神经电流，该神经元通过一定的作用再把神经电流传递给与其紧连的神经元，依此类推将神经电流传给更多的神经元，这些神经元之间相互传递信息的作用最终促使人的大脑产生思维。还有生物进化系统也是一个较为典型的生物系统，比如大象在种群内部繁殖，不但会受到外部环境降雨量、温差等因素的影响，还会受到其他种群（老虎、狮子等）的影响，最终是"物竞天择，适者生存"。总之，任何生物进化的系统都是一个复杂的生物系统。

3）生态环境系统。任何环境污染现象都可以视为生态环境系统，因为环境污染不是由单一因素引起，而是诸多相互联系的因素共同作用的结果。例如，东莞现象，广东经济发展比较迅速，主要是由于该地区工业发展比较快，但同时带来的负面影响就是工业排污严重，由于企业没有采取相应的除污措施，以至超过生态系统的自净能力，最终造成严重的环境污染。

2.5.2 复杂系统脆性理论综述

脆弱的概念描述了复杂系统新的属性，闫丽梅、金鸿章（2004）等基于材料力学中的"脆性断裂"相关理论，提出"复杂系统脆性"定义[40]。

1. 材料力学中的脆性断裂

（1）脆性断裂的定义及原因。传统力学认为，构件满足"工作应力 < 许用应力"的设计要求时，不会出现断裂现象。但很多情况下，由中低强度钢或者高强度材料制造而成的机械器件易出现低应力脆性断裂现象。

脆性断裂：构件未经明显的变形而发生的断裂（图 2-27）。断裂时材料几乎没有发生过塑性变形，并且是突然发生无征兆可寻的，因而脆断的发生往往会造成严重损失及安全问题。

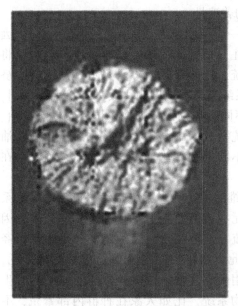

图 2-27　脆性断裂的断裂面

　　1912 年的泰坦尼克号巨轮、2009 年的土耳其飞机由于受到外部因素干扰，器件材料出现局部断裂情况，最终导致整个巨轮沉没、飞机坠毁；20 世纪 50 年代，美国发射北极星导弹，其固体燃料发动机壳体，采用了超高强度钢制造，屈服强度为 1400MPa。按照传统强度设计与验收时，其各项性能指标都符合要求，设计时的工作应力远低于材料的屈服强度，但点火不久，就发生了爆炸。对于低强度钢或者高强度材料制造而成的机械器件，出现低应力脆性断裂现象的主要原因如下：①材料中的缺陷和裂纹会产生应力集中。传统力学把材料看成是均匀的，没有缺陷的，没有裂纹的连续的理想固体，但是，实际工程材料在制备、加工（冶炼、铸造、锻造、焊接、热处理、冷加工等）及使用中（疲劳、冲击、环境温度等）都会产生各种缺陷（白点、气孔、渣、未焊透、热裂、冷裂、缺口等）。②缺陷和裂纹会产生应力集中，所受拉应力为平均应力的数倍。过分集中的拉应力如果超过材料的临界拉应力值时，将会产生裂纹或缺陷的扩展，导致脆性断裂。其中，断裂源往往出现在材料中应力高度集中的地方。

　　（2）理论断裂强度。晶体的理论强度应由原子间的结合力决定，奥洛万（Orowan）提出了一种能粗略估计何种情况下都适用的理论强度计算方法，以正弦曲线近似原子间作用力随位移的变化情况（图 2-28）。曲线中的最高点 σ_{th} 表示晶体的最大结合力，即理论断裂强度。

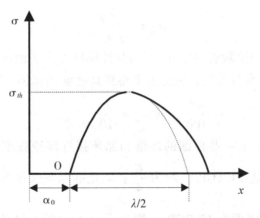

图 2-28　原子间作用力与原子间位移关系曲线

原子间作用力与原子间位移关系曲线可用正弦曲线表示：

$$\sigma = \sigma_{th}\sin(2\pi x/\lambda) \qquad (2.7)$$

式中，x 为原子间位移，λ 为正弦曲线的波长。若位移 x 很小，则 $\sin(2\pi x/\lambda) \approx (2\pi x/\lambda)$，于是：

$$\sigma = \sigma_{th}(2\pi x/\lambda) \qquad (2.8)$$

在接近平衡位置 O 的区域，曲线可以用直线代替，即在弹性状态下，服从胡克定律（Hook's Law）：

$$\sigma = Ee = Ex/a_0 \qquad (2.9)$$

式中，E 为弹性模量，e 为弹性应变，a_0 为原子间的平衡距离。合并，消去 x 可得：

$$\sigma_{th} = \lambda E/2\pi a_0 \qquad (2.10)$$

材料发生脆性断裂时，产生两个新表面，使单位面积的原子平面分开所释放出的弹性应变能等于产生两个单位面积的新表面所需的表面能时，材料才能脆断。

设分开单位面积原子平面所释放出的弹性应变能为 V，可用图 2-28 中曲线下所包围的面积来计算，即：

$$V = \int_{0}^{\lambda/2} \sigma_{th}\sin(2\pi x/\lambda)\,\mathrm{d}x = \frac{\lambda\sigma_{th}}{2\pi}\left[-\cos\frac{2\pi x}{\lambda}\right]_{0}^{\lambda/2} = \frac{\lambda\sigma_{th}}{\pi} \qquad (2.11)$$

设材料形成新表面的断裂表面能为 γ，若材料发生脆断，则有：

$$V = 2\gamma \qquad (2.12)$$

即 $\dfrac{\lambda\sigma_{th}}{\pi} = 2\gamma \Rightarrow \sigma_{th} = \dfrac{2\pi\gamma}{\lambda}$，代入前式得：

$$\sigma_{th} = \sqrt{\frac{E\gamma}{a_0}} \qquad\qquad (2.13)$$

可以得到，理论断裂强度 σ_{th} 只与弹性模量 E，表面能 γ 和原子间的平衡距离 a_0 等材料常数有关，因此若要得到高强度的固体，就要求 E、γ 大，a_0 小。一般情况下，$\gamma \approx \dfrac{a_0 E}{100}$，则 $\sigma_{th} = \dfrac{E}{10}$。

实际材料中只有一些极细的纤维和晶须接近理论强度值。例如，石英玻璃纤维强度可达 24.1GPa，约为 $\dfrac{E}{4}$；碳化硅晶须强度为 6.47GPa，约为 $\dfrac{E}{23}$；氧化铝晶须强度为 15.2GPa，约为 $\dfrac{E}{33}$。尺寸较大材料的实际强度比理论值低得多，约为 $\dfrac{E}{100}$ 到 $\dfrac{E}{1000}$ 范围，而且实际材料强度总在一定范围内波动，即使是同样材料在同样条件下制成的试件，强度值也有波动。试件尺寸大，强度就偏低。显然，实际晶体中存在某种缺陷，使得实际断裂强度远低于理论断裂强度。

（3）Griffith 理论。1921 年 Griffith 为了解释玻璃、陶瓷等脆性材料理论断裂强度与实际断裂强度之间存在的巨大差异，提出了微裂纹理论。Griffith 认为实际材料中总存在许多细小的微裂纹或缺陷，在外力作用下产生应力集中现象，当应力达到一定程度时，裂纹开始扩展，导致断裂。所以断裂并不是晶体两部分同时沿整个截面被拉断，而是裂纹扩展的结果。

Griffith 从能量平衡观点出发，认为裂纹扩展的条件是：物体内储存的弹性应变能的减小大于或等于开裂形成两个新表面所需增加的表面能，即认为物体内储存的弹性应变能降低（或释放）就是裂纹扩展的动力，否则，裂纹不会扩展。

设有一单位厚度的无限宽形板，对其施加一板的拉应力 σ 后，与外界隔绝能源（图 2-29）。板材每单位体积的弹性能为 $\sigma^2/2E$。若在板中心人为隔开一个长 $2C$ 的裂纹，其方向垂直于应力 σ，则原来的平板由于弹性拉紧会释放弹性应变能。

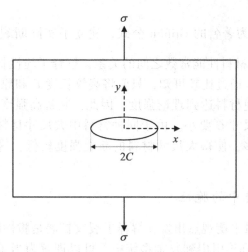

图 2-29　无限宽板中的中心穿透裂纹

依据弹性理论可得，平面应力状态下释放出的应变能为 U_e：

$$U_e = \pi\sigma^2 C^2/E \tag{2.14}$$

隔开一个长 $2C$ 的裂纹，产生两个新断面所需的表面能为 W：

$$W = 4C\gamma \tag{2.15}$$

可得，裂纹进一步扩展——裂纹长度 $2C$ 增加时，单位面积所释放的能量为：

$$\frac{\mathrm{d}U_e}{2\mathrm{d}C} = \frac{\mathrm{d}(\pi\sigma^2 C^2/E)}{2\mathrm{d}C} = \frac{\pi C\sigma^2}{E} \tag{2.16}$$

可得，形成新的断面单位面积所需的表面能为：

$$\frac{\mathrm{d}W}{2\mathrm{d}C} = \frac{\mathrm{d}(4C\gamma)}{2\mathrm{d}C} = 2\gamma \tag{2.17}$$

当 $\dfrac{\mathrm{d}U_e}{2\mathrm{d}C} < \dfrac{\mathrm{d}W}{2\mathrm{d}C}$ 时，裂纹为稳定状态，不会扩展；

当 $\dfrac{\mathrm{d}U_e}{2\mathrm{d}C} > \dfrac{\mathrm{d}W}{2\mathrm{d}C}$ 时，裂纹失稳，扩展。

当 $\dfrac{\mathrm{d}U_e}{2\mathrm{d}C} = \dfrac{\mathrm{d}W}{2\mathrm{d}C}$ 时，为临界状态。

即 $\dfrac{\pi C\sigma^2}{E} = 2\gamma$ 为临界条件，临界应力为：

$$\sigma_c = \sqrt{\frac{2E\gamma}{\pi C}} \tag{2.18}$$

$\sigma_c = \sqrt{\dfrac{2E\gamma}{\pi C}}$ 为著名的 Griffith 公式，建立了实际断裂强度力（工作应力）、裂纹长度和材料性能常数之间的关系，解释了脆性材料强度远低于其理论强度的现象。通过比较可知，只要将裂纹长度 C 和原子间距 a_0 控制在同数量级，就可使材料达到理论强度。因此，制备高强度材料的措施是：E 和 γ 要大，裂纹尺寸 C 要小。由于同种材料中大尺寸材料比小尺寸材料包含的裂纹数目更多，使得大尺寸材料的断裂强度较低，这就是材料强度的尺寸效应[41]。

2. 复杂系统中的脆性

Griffith 从能量平衡观点出发，解释了裂纹扩展是脆性断裂的本质原因。将 Griffith 微裂纹理论引申到复杂系统中，可以理解为当子系统受到外部亦或者内部环境因素干扰时，子系统释放的能量会引起系统内部发生微变化，当干扰达到一定程度时，微变化开始扩展，导致子系统发生崩溃，最终造成整个复杂系统出现崩溃现象，即复杂系统的脆性被激发。

（1）复杂系统脆性的数学定义。当受到外部亦或者内部环境因素干扰时，复杂系统内部的某一个子系统或者某些子系统的脆性就会被激发从而导致该子系统崩溃，连带着更多的子系统受到外部因素的影响，最终导致整个系统濒临崩溃[42]。复杂系统受到干扰而发生崩溃的性质称之为脆性。

复杂系统脆性的数学定义如下[43]：

假设所要研究的复杂系统包括 n 个子系统，那么可以将复杂系统用函数表示为：

$$x(t) = \{x_1(t), x_2(t), \cdots, x_n(t)\} \qquad (2.19)$$

其中：$x_i(t)$ 表示时刻 t 的第 i 个子系统的向量值。

如果在 t 时刻复杂系统正常运行，那么存在集合 $k \subset R^n$，$\forall \parallel x_i(t) \parallel_2 \in k$，$1 < i < n$，$n \in N$，$\forall t \geq 0$，如果复杂系统的规模或者内部结构发生变化，那么复杂系统的数学函数中所包括的变量会随之变化。如果 $\exists n_0 \in N$，当 $n > n_0$ 时，出现干扰 $r(t)$ 作用于复杂系统，使得某子系统 $\parallel x_i(t) \parallel_2 \notin k$ 存在时刻 t_0，崩溃的 $x_i(t)$ 子系统又作用于 $x_j(t)$，此时 $\parallel x_j(t) \parallel_2 \notin k$，$1 < j < n$，即复杂系统 $x(t)$ 的脆性已被激发。当 $t > t_0 + T$ 时，存在于复杂系统内部的若干个关键子系统已经发生崩溃，最终致使整个复杂系统崩溃[44]。

任何一个复杂系统必然具有脆性，也就是说系统脆弱性的存在与外部环境是否变化无关，而脆性是否被激发与外部环境的变化有关[45]。

（2）复杂系统脆性模型。任何一个复杂系统都是处在一定的外部环境中运行，因此运行时难免会遇到风险，即遭受外部因素打击导致系统产生崩溃现象的风险，我们将这种风险称为"脆性风险"[46]。通过研究人员对复杂系统的分析研究，得到了致使脆性风险发生的诸多因素，并建立了相应的复杂系统脆性模型。脆性模型主要包括四层，自上而下分别是脆性风险、系统的内部结构、脆性事件以及组成脆性事件的脆性因子[47]。脆性模型的四层结构将复杂系统的内外部环境都包括在内，处于上层的脆性风险和系统的内部结构属于内部因素，而处于下层的脆性事件和脆性因子属于外部因素，具体如图 2-30 所示。

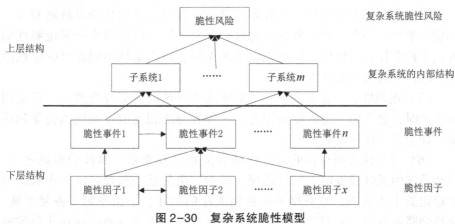

图 2-30　复杂系统脆性模型

从图 2-30 可知，脆性模型的下层结构主要由诸多脆性事件以及脆性因子组成，而脆性因子是引起脆性激发的起始原因。脆性因子不是孤立存在的，它们之间存在着相互作用关系，几个（包括一个）脆性因子结合在一起便构成了一个脆性事件，同一个脆性因子可能会是多个脆性事件的构成要素。当某个脆性因子受到外界干扰脆性被激发时，它对其他脆性因子的作用致使脆性事件发生崩溃，最终上升到整个复杂系统发生崩溃。

3. 复杂系统脆性的基本特点

脆性时时刻刻存在于复杂系统，它不会因为复杂系统的改变或者进化而销声匿迹，也就是说脆性是复杂系统的一种固有属性。根据脆性涵义的描述，可以知道复杂系统脆性具有以下几个基本特点：

（1）伴随性。当复杂系统的子系统或者系统的一部分受到外部环境因素干扰时，会发生一定程度的崩溃，连带着与之相连的子系统也会受到影响，最终伴随着脆性的激发，导致整个系统发生崩溃。

（2）隐藏性。存在于复杂系统中的脆性往往不会很直观地显现出来，只有当复杂系统的子系统或者系统的一部分受到外部环境因素干扰时，才有可能表现出来。随着复杂系统的改变或者进化，复杂系统的脆性并不会消失，它随时可能会被激发出来，当系统的演化程度接近稳定有序时，系统的脆性也就越容易被激发。

（3）复杂系统脆性激发的危害严重性。复杂系统崩溃表现为从稳定的工作状态到非稳定的工作状态、从有序的演化到无序的变化过程。因此，在复杂系统脆性被激发的过程中，存在一定的风险。由于社会现象中存在的各种各样的复杂系统往往与社会民生相关，一旦系统出现崩溃现象，势必会对社会经济及社会政治造成严重的危害。

（4）作用结果表现形式具有多样性。具有开放性的复杂系统随着外界环境因素变化的多样性，其进化方式也各有不同，以至激发子系统脆性的方式多种多样，脆性成分的状态也千差万别，最终造成不同程度的脆性激发状况产生的损失也就大小不一。

（5）连锁性。当复杂系统的子系统或者系统的一部分受到外部环境因素干扰时，会发生一定程度的崩溃，连带着与之相连的子系统也会受到影响，即会出现连锁反应。

（6）子系统之间存在的非合作博弈关系是复杂系统脆性的根源之一。复杂系统的脆性激发时，具体体现为熵增，也就是说从稳定的工作状态到非稳定的工作状态、从有序的演化到无序的变化。子系统为了恢复平衡，必然会降低熵值，它们之间便会因为争夺有限的负熵资源而存在非合作博弈关系。

（7）整合性。微观上，子系统无法表现出脆性特征，只有复杂系统整体才能体现出脆性特征。也就是说，子系统只能说明脆性被激发，但并没有体现出脆性；而当整个系统的脆性被激发时，脆性特征才得以显现。

（8）延时性。由于复杂系统具有自组织性及开放性，当复杂系统的子系统或者系统的一部分受到外部环境因素干扰时，并不会立刻出现崩溃现象，它们会抵抗外部干扰，力争维持原有状态。因此，从系统遭受外界因素干扰到其崩溃会有一段时间的延迟。

4. 复杂系统脆性图形的基本描述

当复杂系统的某一子系统或其一部分受到内部或者外部环境因素打击时，会出现崩溃现象，同时它会影响与其有关联的子系统，这种影响程度与子系统的崩溃状况和关联特征有着密切关系。通过图形进行描述，可以直观明了地理解复杂系统中子系统之间的脆性关系。基于复杂系统脆性的基本特点，归结了以下几种基本的脆性图形：

（1）多米诺骨牌模型。多米诺骨牌模型告诉人们，复杂系统中的各个子系统呈现链状结构，每张骨牌代表一个子系统，而骨牌之间的距离代表两个子系统之间存在的脆性关联度，并且距离与脆性关联度呈反向变化，即距离愈小，脆性关联度就愈大。链状结构的骨牌模型更容易引起连锁反应，也就是说当某一个子系统脆性被激发时，它会直接导致与之相邻的子系统受到相关影响，最终使得整个复杂系统发生崩溃。

图 2-31 中，R_{12}、R_{23}、R_{34} 代表两骨牌之间的距离，并且有 $R_{12} < R_{23} < R_{34}$，这意味着各子系统之间的脆性关联程度由强及弱。距离的大小可以衡量骨牌之间传递能量的多少，即当一块骨牌倒下时，它离下一块骨牌越近，传给它的能量就越多。而下一块骨牌是否也倒下，则取决于与之相邻的所有倒下的骨牌传给它的能量之和。图 2-31 介绍的是单脆性源以及单脆性接收者的情况，也就是说同一块骨牌即是上一块倒下的骨牌的脆性接收者，又是激发下一块骨牌的脆性源。

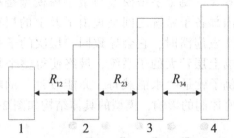

图 2-31 复杂系统脆性的多米诺骨牌模型

从图 2-31 可以得出，多米诺骨牌是一对一的关系，并且各骨牌是按照顺序一一崩溃的。然而，各骨牌之间不仅仅存在一对一的关系，还可能有一对多的情况。9.11 事件就是一个典型的一对多例子，民航客机撞击世贸中心首先激发旅游业及民航业两个子系统的脆性爆发，随后影响到商业与金融业，进而严重打击了美国经济，我们可以通过分叉的多米诺骨牌模型将 9.11 事件的影响描述出来，如图 2-32 所示。

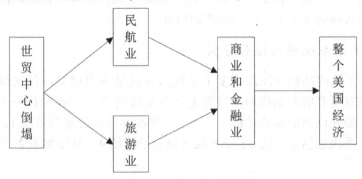

图 2-32 分叉的多米诺骨牌模型

（2）金字塔模型。金字塔模型中，复杂系统内部各子系统之间呈现由上及下的递接关系，模型中的点代表一个个子系统，点与点之间距离的大小代表了子系统之间的脆性关联度。当上一层较大的子系统脆性激发崩溃时，会对下层的子系统产生影响，最终使得整个复杂系统出现崩溃现象，成语"擒贼先擒王"正反应了金字塔模型的涵义，模型的具体结构如图2-33所示。

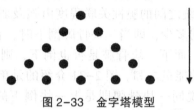

图2-33 金字塔模型

（3）倒金字塔模型。倒金字塔模型与金字塔模型是相对的，倒金字塔模型中，复杂系统内部各子系统之间呈现由下及上的层次关系。当下一层较小的子系统脆性激发崩溃时，它会导致同一层次的子系统的有序状态向无序变化，进而影响上层较大的子系统，最终使得整个复杂系统出现崩溃现象。最为典型的例子就是"水能载舟，亦能覆舟"的喻意，它体现了基层的百姓对整个政府体制的影响，模型的具体结构如图2-34所示。

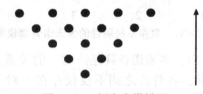

图2-34 倒金字塔模型

基于复杂系统内部各子系统之间存在着错综复杂的关系，以至脆性激发的方式和传递形式多种多样，但是无论脆性是以何种形式激发或者传递的，都离不开上述三种最基本的形式。也就是说，任何一种脆性激发或者传递的形式都是基于上述三种形式的组合。

5. 复杂系统崩溃过程分析

复杂系统内部包含许许多多子系统，并且呈现出明显的层次结构，因此不可能对所有的的系统崩溃过程进行分析研究[48]。下面分析一下三个子系统脆性激发以至崩溃的过程，其中上一层次的系统为复杂系统1，而下一层次的子系统包括子系统2、子系统3以及子系统4，具体如图2-35所示。

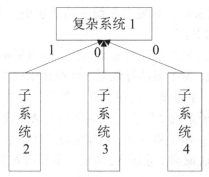

图 2-35　子系统崩溃对复杂系统的作用过程

（1）崩溃的数学描述。系统崩溃的根本原因在于输入的变化。假如复杂系统内部的子系统是可以通过一定的方法手段进行观测和控制的，改变某个子系统的输入 $u_h(h = 1, 2, \cdots, r)$ 亦或者使其超过规定的范围，便会造成子系统的状态 $X_j(j = 1, 2, \cdots, m)$ 出现相应的变化，最终导致输出结果 $y_l(l = 1, 2, \cdots, n)$ 超出正常可接受范围，也就是说子系统的状态从有序变为无序，出现了崩溃现象。因此，基于系统状态的变化得到崩溃 χ_{X_j} 的数学定义如下：

$$\chi_{X_j} = \begin{cases} 0, & X_j \in [(X_k)_{\min}, (X_k)_{\max}] \\ 1, & X_j \notin [(X_k)_{\min}, (X_k)_{\max}] \end{cases}, \quad k = 1, 2, \cdots, m \quad (2.20)$$

（2）脆性源与脆性接收者的涵义。脆性源：当受到外部或内部环境干扰时，复杂系统中的部分子系统出现崩溃现象，进而影响与之相关的子系统，这些崩溃的子系统即为脆性源。脆性接收者：受脆性源的影响，脆性可能被激发的子系统称为脆性接收者。

对于一个复杂系统而言，可以存在多个脆性源及脆性接收者，并且它们并不是绝对的脆性源或者脆性接收者，也就是说某个崩溃的子系统上一时刻可能会是脆性接收者，下一时刻便会是脆性源。

（3）脆性激发度的数学描述。图 2-35 中，如果子系统 2 遭受到打击而发生崩溃，此时它对整个复杂系统 1 的影响结果不外乎有两种：一种是基于子系统自身稳定性强以及耦合程度低，复杂系统 1 受到影响也会恢复到有序状态；另一种是复杂系统 1 承受不住打击，也出现崩溃现象。为了判断子系统崩溃激发复杂系统脆性的程度，需要对脆性激发度进行数学描述。

脆性激发度是用来描述某个子系统出现崩溃现象时，引发整个复杂系统出现崩溃现象的程度，它的值有两个 1 和 0。当某个子系统的脆性激发度为 1 时，说明该子系统出现崩溃现象时，导致整个复杂系统也出现崩溃现象，即激发了复杂系统的脆性；当某个子系统的脆性激发度为 0 时，说明该子系统出现崩溃现象时，对复杂系统未造成影响。某个子系统的脆性激发度 β_i 的数学表述如下：

$$\beta_i = \begin{cases} 0, & \text{子系统 } i \text{ 发生崩溃对复杂系统未造成影响} \\ 1, & \text{子系统 } i \text{ 发生崩溃导致复杂系统发生崩溃} \end{cases} \quad i = 1, 2, \cdots, n$$

从图 2-32 可知，子系统 2 出现崩溃现象后，对复杂系统 1 作用时脆性激发度为 1，这说明子系统 2 发生崩溃时激发复杂系统 1 的脆性，即复杂系统 1 也出现崩溃现象；而子系统 3、4 出现崩溃现象后，对复杂系统 1 作用时脆性激发度为 0，这说明子系统 3、4 发生崩溃时对复杂系统未造成影响。

2.5.3 煤矿安全事故系统脆性分析

本节通过对层次分析法（AHP）与脆性理论的分析研究，找到了两者之间的交汇点，并将其应用到煤矿事故系统的脆性分析中，得到了影响煤矿事故发生的内部关键因素，这将有助于我们提出有针对性的建议及措施。

（1）AHP 与脆性激发度的联系。依据上文脆性源的定义可以进行延伸阐释：若能计算出四个子系统相对煤矿事故系统的权重，便可以得到权重较大的子系统将会是激发整个系统脆性的源头——脆性源，并且权重越大越易于使复杂系统内部的子系统出现脆性激发的连锁反应，最终导致整个系统发生崩溃[49]。

由以上对脆性激发度的定义可以得到，脆性激发度的取值与 AHP 中准则层或者方案层指标对目标层指标权重 w_i 的大小有一定关系。权重越大，对目标层指标的影响越大，其脆性激发度 $\beta_i = 1$ 的概率就越高；反之，权重越小，对目标层指标的影响越小，其脆性激发度 $\beta_i = 0$ 的概率就高。综上所述，可以基于 AHP 对煤矿安全事故系统进行脆性分析。为了清晰判断人、物、环、管四个子系统的脆性激发度，给定 $\xi \in [0, 1]$ 为脆性阈值，得出脆性激发度如下表达式[50]：

$$\beta_i = \begin{cases} 0, & w_i < \xi \\ 1, & w_i \geq \xi \end{cases} \quad i = 1, 2, 3, 4 \qquad (2.21)$$

在给定 ξ 值的情况下，通过上式可以判定子系统 i 出现崩溃现象时，是否激发整个煤矿事故系统的脆性，即复杂系统是否出现崩溃现象。依据上述判断和分析可以得到，权重最大的子系统将会是激发整个系统脆性的脆性源，也是影响复杂系统发展的关键因素，积极检查该子系统所处的状态，针对异常情况采取相应措施，可以降低故障发生时所造成的损失。

（2）煤矿事故脆性分析及内部关键因素的确定。

1）煤矿事故内部因素权重的确定。首先、构建煤矿安全事故的递阶层次模型。根据图 2-10 对煤矿事故内部因素的分析，可以得到煤矿事故系统主要有四个子系统组成，其中包括人的因素、物的因素、环境因素、管理因素。因此，可以构建煤矿安全事故的递阶层次模型，具体见表 2-21。

表 2-21 煤矿安全事故的递阶层次模型

目标层	煤矿安全事故的发生 A		
准则层	人的因素 B_1　　　物的因素 B_2	环境因素 B_3	管理因素 B_4

煤矿安全事故的判断矩阵。准则层的指标两两进行比较，得到了以 A 为比较准则的判断矩阵如下：

$$Z = (z_{ij})_{4 \times 4} = \begin{bmatrix} z_{11} & z_{12} & z_{13} & z_{14} \\ z_{21} & z_{22} & z_{23} & z_{24} \\ z_{31} & z_{32} & z_{33} & z_{34} \\ z_{41} & z_{42} & z_{43} & z_{44} \end{bmatrix} = \begin{bmatrix} 1 & 2 & 1/5 & 1/7 \\ 1/2 & 1 & 1/3 & 1/5 \\ 5 & 3 & 1 & 1/3 \\ 7 & 5 & 3 & 1 \end{bmatrix} \quad (2.22)$$

其次，计算权重。

由判断矩阵得方根的列向量 $\overline{W} = (0.489, 0.427, 1.495, 3.201)^T$；

对方根向量归一化得到权重向量 $W = (0.087, 0.076, 0.266, 0.570)^T$；

最大特征根 $\lambda_{max} = \dfrac{1}{4} \sum\limits_{i=1}^{4} \dfrac{(ZW)_i}{w_i} = 4.219$；

一般性指标 $CI = \dfrac{\lambda_{max} - n}{n - 1} = \dfrac{4.219 - 4}{4 - 1} = 0.073$；

当 $n = 4$ 时，平均随机一致性指标 $RI = 0.89$，所以一致性比率 $CR = \dfrac{CI}{RI} = 0.082$。

通过以上计算可以得到 $CR < 0.1$，则判断矩阵通过一致性检验，人的因素、物的因素、环境因素、管理因素相对于煤矿安全事故的发生的权重分别为 0.087、0.076、0.266、0.570，即 $W = (w_1, w_2, w_3, w_4)^T = (0.087, 0.076, 0.266, 0.570)^T$。

2）脆性分析确定煤矿安全系统内部关键因素。从权重的计算可以得到，管理因素 B_4 的权重最大，环境因素 B_3 次之，人的因素 B_1 较小，而物的因素 B_2 权重最小。也就是说当管理因素有变动时，它对煤矿事故的影响最大，从脆性角度分析就是当管理因素子系统受到打击时，它最可能激发煤矿事故系统的脆性，导致煤矿事故的发生，即管理因素是影响煤矿安全的内部关键因素；而环境因素子系统次之；人的因素和物的因素子系统脆性被激发时，对煤矿事故系统造成的影响最小。

若脆性阈值 $\xi = 0.5$，则 $\beta_1 = \beta_2 = \beta_3 = 0$，$\beta_4 = 1$，说明管理因素子系统出现崩溃现象时会导致整个煤矿事故系统崩溃，而人的因素、物的因素、环境因素子系统出现崩溃现象时对整个煤矿事故系统未造成影响。

若要提高煤矿安全水平，必须找到影响煤矿安全事故的关键因素，从上述煤矿事故系统内部因素的脆性分析过程中可以得到，管理因素对煤矿事故的影响最大，当其发生变动时最有可能激发煤矿事故系统的脆性，也就是说在影响煤矿安全水平的内部因素中，管理因素是关键因素，也是影响煤矿安全事故的瓶颈。

2.6 结论和建议

2.6.1 结论

近几年，受各种因素的制约与限制，中国煤矿事故多，其造成的损失比较大、伤亡也较重。在这种恶劣的环境尚未得到扭转的情况下，许多新的情况层出不穷，以至中国煤矿安全评价工作面临着严峻的挑战及威胁。煤矿工人日日持有的希望"保护人身安全"与煤矿企业时有发生的重大伤亡事故形成鲜明的对比，使煤矿开采业的发展受到严重的阻碍。因此，政府对煤矿企业的安全管理工作提出了更多的要求，为企业提供一定比例的国家安全投入资金，进行煤矿安全仪表设备和控制系统的研制及开发应用工作，改善煤矿安全生产环境，并制定了一整套相关的煤矿安全生产法律法规，成立了较为完善的组织管理机构。然而，若要从本质上真正意义地解决煤矿生产中的不安全行为，必须怀着严谨的态度，努力分析煤矿安全系统，探讨煤矿生产中较为有效的管理方法及模式，让我们能够更好地管理和监督煤矿安全评价工作。

因此，针对煤矿安全体系本章分别从外部因素及内部因素出发，建立了系统动力学模型，并用灰色理论和脆性分析过程得出影响煤矿安全水平的外部和内部关键因素，这为政府制定相关措施提供一定的参照依据。综合上述内容，本节主要有以下 7 个方面的研究结论：

（1）无论从外部因素分析，还是从内部因素分析，2008—2010 年的煤矿安全水平都呈现逐年上升趋势。

（2）灰色关联度分析得出影响煤矿安全水平的外部关键因素。煤矿安全死亡人数是评判煤矿安全水平的重要指标之一，它受到外部环境不同程度的影响，通过专家咨询法可以得到，影响煤矿安全死亡人数的外部指标主要有中国的煤炭消费总量、煤矿利润、就业人数、原煤产量、煤炭平均售价、从业人数、国家安全投入、吨煤安全费用[28]，运用灰色关联度得出各外部因素对死亡事故的影响程度，结果表明在保证开采任务顺利完成的前提下，国家安全投入是影响煤矿安全水平的外部关键因素。

（3）外部关键因素国家安全投入与死亡事故呈反向变化。灰色关联度不仅能得出影响煤矿安全水平的外部关键因素，还能进一步筛选指标，本文选取了关联度较大的就业人数、从业人数、国家安全投入、煤炭消费总量四个指标建立了煤矿安全系统外部因素的系统动力学流图，模拟了2008—2010年外部因素影响下的煤矿安全事故状况，结果显示这三年的死亡人数逐渐下降，煤矿安全水平不断提高；最后对系统动力学流图做敏感性分析，研究表明增加或者减少安全投入，死亡人数与国家安全投入不变时相比明显下降或上升。

（4）影响煤矿安全水平的内部因素。基于事故发生机理的相关理论研究，导致煤矿企业事故频频发生的系统内部因素主要包括人的因素、物的因素、环境因素以及制约这三者的管理因素，从"国家安全投入"的用途分析，可以将安全投入分配到内部因素的人、物、环、管四个子系统以创造收益，因此本章以"煤矿安全效益"为研究对象来分析系统内部因素对煤矿安全水平的影响。

（5）内部因素对煤矿安全水平的敏感性分析。依次调整影响系数、贡献率，可以知道分别调大管因影响系数或物因贡献率，使它们的取值为 0.7 时，模拟结果显示这两种情况下的安全效益取值与改变其他影响系数、贡献率的情况相比增长速度最快，以至煤矿安全水平有显著提高，这将为煤矿企业改善煤矿安全状况提供一定的参照依据。

（6）根据煤矿安全效益判定煤矿安全等级。2008—2010 年中国煤矿安全效益分别为 0.21 亿元、4.266 亿元、8.918 亿元，对照等级判定表可以知道 2008 年中国煤矿安全水平处于很差的水平，2009 年由于采取一定的措施使得安全水平有所提高，处于良好状态，2010 年的安全效益明显增加，煤矿安全水平属于一等级。

（7）脆性分析过程得出影响煤矿安全水平的内部关键因素。AHP 与脆性理论存在一定的联系，本章将这种联系应用到煤矿事故内部因素的分析中，首先通过 AHP 得到了影响煤矿事故内部因素各指标的权重，其中人的因素、物的因素、环境因素、管理因素相对于煤矿安全事故发生的权重分别为 0.087、0.076、0.266、0.570，然后通过脆性分析可以知道，在影响煤矿安全水平的内部因素中，管理因素是关键因素，也是影响煤矿安全事故的瓶颈。

2.6.2 对策建议

（1）基于外部关键因素提出的建议。增加国家安全投入虽然能够使得煤矿安全水平有所提高，但并不能保证更有效地改善安全状况，若要安全投入的产出价值最大，政府和企业需要积极配合做好以下几个方面的工作：

1）国家针对高危行业已经颁发了许多政策，如安全费用提取、风险抵押等政策，企业应积极执行这些政策，并按国家规定将提取的安全费用用到改善煤矿安全环境、消除煤矿企业存在的重大隐患上，不能将其用于企业内部的奖励机制和生产规模等企业盈利性活动。为了能够长远发展，企业应根据自身状况建立相应的安全投入机制。

2）煤矿企业应该清晰地记录每笔安全投入的去向及安全事故造成的经济损失，并形成专门的安全投入台账，这将有利于日后的安全管理工作，也可以帮助研究人员查阅相关资料和数据，使他们能够准确有效地分析评价煤矿安全现状，为企业提供参照意见。

3）煤矿企业应根据企业自身状况，建立一整套完善的安全投入管理制度。只有在健全的规章制度约束下，企业才能更加重视安全管理工作，并定期组织安全管理活动。安全投入管理制度主要包括安全基础设施建设制度、现场安全操作管理制度、安全生产责任制等。

4）工伤保险制度得以完善，有利于调节国家安全投入、增加煤矿安全效益，进一步提高煤矿安全等级。工伤保险制度在经济约束力方面明显不够，它只能给受伤职工一定的经济保障，并不能有效地降低伤亡事故的发生率，因此应加大工伤保险制度经济上的约束力度，促使员工安全谨慎工作，以提高煤矿安全水平[70]。

（2）基于内部关键因素提出的建议。引发煤矿安全事故的人、物、环、管内部因素中，对提高煤矿安全效益起至关重要作用的因素便是管理因素。因此，针对管理因素提出相应的措施，能够有效提高中国煤矿安全效益。防止事故发生的管理措施具体如下：

1）管理因素最为关键的是职工的"自我管理"。提高自我管理意识，可以降低开采过程的事故发生率。企业可以通过定期的培训和安全教育来培养职工的安全管理意识，这样不仅能够促使职工养成高度警惕的安全工作作风，提高他们处理突发事件的能力，还能减少企业的安全管理费用，进而提高国家安全投入的利用率。

2）煤矿行业信息的及时反馈，可以促使政府调整资金投入和相应的管理策略。煤矿安全系统内部的信息反映了企业的安全管理现状，若能够及时发现安全系统中存在的管理问题，并准确的分析问题，那么可以有效防止因管理不善引发的安全事故。因此，建立煤矿企业信息反馈系统，可以及时有效地实施相应的安全管理策略。

3）在线监督企业职工的安全行为，不但可以及时发现职工的不安全操作，还可以对其行为进行连续监控。现场监督能够及时发现员工操作中存在的不安全行为，但是现场监督工作需要的人力大大增加了企业的安全投入费用，并且现场监督通常是定期进行或者企业管理部门随机进行，并不能保证监督管理的连续性。因此，建立网络信息系统对职工的安全行为进行连续监督，可以在线发现职工的不安全行为，并对其发出相应信号，使其及时纠正，避免事故的发生，进而提高企业管理效率。

参考文献

［1］周振荣 . 煤矿安全管理中存在的问题及改进措施分析［J］. 科技向导，2012（17）：350.

［2］陈静 . 基于信息技术的煤矿安全管理与控制方法研究［D］. 青岛：山东科技大学，2007.

［3］黄婷婷 . 基于 FAHP 的煤矿安全综合评价与研究［D］. 淮南：安徽理工大学，2011.

［4］张爱霞，张云鹏，衣丽芬 . 灰色系统预测在煤矿安全事故发生趋势预测中的应用［J］. 河北理工大学学报（自然科学版），2010，32（3）：16-20.

［5］侯玉军 . 浅议整合煤矿安全管理理论模型［J］. 问题探讨，2012，21（2）：61-62.

［6］龚聪 . 改进神经网络煤矿安全评价模型仿真研究［J］. 计算机仿真，2012，29（1）：156-158.

［7］John Mingers, Leroy White. A review of the recent contribution of systems thinking to operational research and management science［J］. European Journal of Operational Research, 2010, （207）: 1147-1161.

［8］Aneel Karnani. Equilibrium market share - a measure of competitive strength［J］. Strategic Management, 1982, （2）: 43-51.

［9］Keel, L. H. . Bhattacharyya, S. P. Robust, fragile, or optimal IEEE Trans［J］. On Auto. Control, 1997, 42（87）: 1098-1115.

［10］Evaldo, M. F. , Curado. On the stability of analytic entropic forms［D］. Physical A, 2004.

［11］E. Akiyamaa , K. Kanekob. Dynamical systems game theory and dynamics of games［D］. Physical A，2000.

［12］ Soutter，Marc Musy，Andre. Coupling1D Monte－Carlo simulations and geostatistics to assess groundwater vulnerability to pesticide contamination on a regional scale［J］. Journal of Contaminant Hydrology，1998，32（1－2）：25－29.

［13］ Soutter，Marc Musy，Andre. Global sensitivity analyses of three pesticide leaching models using a Monte－Carlo approach［J］. Journal of Environmental Quality，1999，28（4）：1290－1297.

［14］ Monton，V. Ward. Risk assessment methodology for network integrity［J］. Technology Journal，1997，15（10）：223－234.

［15］ Holland J. H.. Escaping Brittleness：The possibilities of General Purpose Learning Algorithms Applied to Parallel Rule－Based Systems［M］. CA：MorganKaufmann，1986.

［16］王国梁. 多变量经济数据统计分析［M］. 西安：陕西科学技术出版社，1993.

［17］阴仁杰. 基于复杂系统的钢铁供应链脆性管理研究［D］. 青岛：中国海洋大学.

［18］金鸿章，安春雷. 基于单调关联系统及关联度系数法的复杂系统脆性模型分析［C］. 杭州：电子科技学术委员会，2006：549－553.

［19］金鸿章，郭健，韦琦. 基于尖点突变模型对复杂系统脆性问题的研究［J］. 舰船电子工程，2004，24（2）：1－8.

［20］金鸿章，李琦，吴红梅. 基于脆性因子的复杂系统脆性分析［J］. 哈尔滨工程大学学报，2005，26（6）：739－743.

［21］韦琦，金鸿章，郭健. 复杂系统崩溃的脆性致因的研究［J］. 系统工程，2003，21（4）：3－8.

［22］严太华，艾向军. 基于复杂系统脆性理论的金融体系脆弱性结构模型的建立［J］. 重庆广播电视大学学报，2007，19（2）：36－37.

［23］吴红梅，金鸿章. 基于熵理论复杂系统的脆性［J］. 中南大学学报（自然科学版），2009，40（1）：347－351.

［24］杜亚敏. 基于改进BP神经网络的煤矿安全评价研究［D］. 淮南：安徽理工大学，2010.

［25］林晓飞，曹庆贵，张鹏. 中国煤矿安全形势的系统动力学模型分析［J］. 矿业安全与环保，2008，35（1）：83－84.

［26］李静，张丽. 基于灰色关联分析的煤矿安全SD模型［J］. 工程项目管理，2012，5（6）：42－44.

［27］ 李国祯，李希建，施天虎. 煤层瓦斯含量影响因素分析及灰色预测
　　　 ［J］. 工业安全与环保，2011，37（9）：53-55.

［28］ 金鸿章，吴红梅，林德明，薛萍，赵金宪. 煤矿事故系统内部的脆性
　　　 过程［J］. 系统工程学报，2007，22（5）：449-454.

［29］ 李希建. 煤矿安全管理系统的 SD 模型及其分析［J］. 矿业安全与环
　　　 保，2003，30（1）：21-22.

［30］ 荣盘祥，胡林果. 脆性理论在煤矿事故系统分析中的应用［J］. 哈尔
　　　 滨理工大学学报，2007，12（6）：1-3.

［31］ 马丽娜. 基于复杂系统脆性理论的企业集团性建模及应用研究［D］.
　　　 青岛：中国海洋大学，2010.

［32］ 陈关荣. 复杂动力网络的研究将是新世纪科学技术前沿的战略性课题
　　　 之一复杂网络——系统结构研究文集（第二集）［M］. 上海：上海理
　　　 工大学，2004：115-116.

［33］ Gorsuch R.. Factor Analysis［M］. NJ：Lawrence Erlbaum，1983：275
　　　 -278.

［34］ Lind，Niels C. Measure of vulnerability and damage tolerance［J］. Relia-
　　　 bility Engineering& System Safety，1995，48（1）：1-6.

［35］ Ronald M.，CalvanoCharles N.，Hopkins. Operationally oriented vulnera-
　　　 bility requirements in the ship design process Reese［J］. The Naval Engi-
　　　 neers Journal，1998，110（1）：19-34.

［36］ 李止辉. 金融系统脆弱性理论研究［J］. 统计信息与论坛，2006，5
　　　 （3）：39-45

［37］ Rudolph，Jenny W. and Repenning，Nelson P.. Disaster Dynamics：Un-
　　　 derstanding the Role of Quantity in Organizational Collapse［J］. Adminis-
　　　 trative Science Quarterly，2002，12（5）：1-30

［38］ Pidgeon，N.. The Limits to Safety：Culture，Politics，Learning and Man-
　　　 made Disasters［J］. Journal of Contingencies and Crisis Management，
　　　 1997，77（5）：1-14.

［39］ Porter M. E.. The Competitive Advantage of Nation［M］. New York：The
　　　 Free Press，1990.

［40］ 闫丽梅，金鸿章，付光杰，等. 复杂系统崩溃机理初探［J］. 大庆石
　　　 油学院学报，2004，28（5）：68-70.

［41］ 郑修麟. 材料的力学性能［M］. 西安：西北工业大学出版社，2000.

［42］ Titman，Wessels. The determinants of capital structure choice［J］. Journal
　　　 of Finance，1988，21（43）：1-19

［43］ Reese, Ronald M. Calvano, Charles N. HoPkins. . Operationally oriented vulnerability requirements in the ship design process ［J］. Naval Engineers Journal, 1998, 110 (1): 19-34.

［44］ 李琦, 金鸿章, 林德明. 基于脆性熵的系统脆性研究 ［J］. 自动化技术与应用, 2004, 23 (9): 16-18.

［45］ 金辉, 钱焱. 团队的脆弱性及其防范对策 ［J］. 中国人力资源开发, 2005, 15 (4): 58-60.

［46］ Jorge Walter, Christoph Lechner, Franz W. Kellermanns. Knowledge Transfer between and within Alliance Partners: Private versus collective benefits of social capital ［J］. Journal of Business Research, 2007, 60 (7): 698-710.

［47］ 白世贞, 郑小京. 供应链复杂自适应系统资源流涌现的研究 ［M］. 北京: 科学出版社, 2008.

［48］ 郭志达, 方涛. 论复杂系统研究的等级结构与尺度推绎 ［J］. 中国矿业大学学报, 2003, 32 (3): 213-217.

［49］ 赵金娜, 郭进平, 侯东升, 等. 基于 AHP 的高处坠落事故脆性分析 ［J］. 中国安全生产科学技术, 2009, 5 (5): 204-208.

［50］ 金鸿章, 闫丽梅, 徐建军. 基于 FAHP 的复杂系统的脆性过程分析 ［J］. 系统工程, 2004, 22 (6): 1-4.

第3章 环境污染第三方治理问题的博弈模型构建与分析

3.1 研究背景和文献综述

3.1.1 研究背景

20世纪初，中国的科技以及社会生产力水平进入了迅速发展时期，然而，在社会经济迅速发展的同时，由于自然资源过度利用，中国的环境遭到破坏，多年来环境污染事件频发，土壤污染、空气污染、河水及海洋污染、土地荒漠化、水资源短缺、生物多样性锐减等环境问题日益严重。这一系列问题成为社会进一步发展的巨大阻力[1]。面对错综复杂的环境治理问题，尽管环境法制建设、执法监管和环境风险管理等各方面都加大了力度，环境保护政策日趋完善，但环境问题仍未得到根治，仅2014年各地查处违法企业10万余家，挂牌督办案件2177件，罚款达20多亿元[2]。过去的20多年间，中国的工业污染的治理原则一直都是"谁污染，谁治理"。进入21世纪以来，环境污染的治理模式逐渐由"谁污染、谁治理"转变为"谁污染、谁付费、第三方治理"，环境污染第三方治理是指排污企业以签订合同协议的方式，向专业环境保护企业（第三方）交付费用以得到专业化的污染治理或减排方案，从而达到排污标准，治理效果由第三方与环境监管部门同时监督。党的十八届三中全会通过的《中共中央关于全面深化改革若干重大问题的决定》，2014年国务院通过的《2014—2015年节能减排低碳发展行动方案》、国家发改委通过的《关于2014年深化经济体制改革重点任务的意见》中都提到要"推进环境污染第三方治理"，这表明环境污染第三方治理已经得到了政府的支持[3]。2015年1月，国务院办公厅印发了《关于推行环境污染第三方治理的意见》，为实施环境污染第三方治理作出了指导。主要目标是到2020年，环境公用设施、工业园区等重点领域第三方治理取得显著进展，污染治理效率和专业化水平明显提高，社会资本进入污染治理市场的活力进一步激发。

在实施环境污染第三方治理的过程中，由于政府环境监管部门与第三方企业之间存在着信息不对称的问题，监管部门在进行环境监管时对第三方与排污企业是否在环境服务活动中弄虚作假难以掌握，容易造成第三方企业与排污企业的合谋等违规行为，造成环境的外部不经济。因此，如何避免第三方企业与排污企业的合谋行为是政府环境监管部门的重要工作。本章尝试在有限理性的假设下，在相关研究的基础上采用动态演化博弈的方法分析环境污染第三方治理过程中，研究政府、第三方企业、排污企业在博弈过程中的行为选择、利益分析以及博弈焦点从而建立相应的演化博弈模型，结合系统动力学建立演化博弈的系统动力学模型对演化博弈的均衡解与优化情况进行仿真分析，根据分析结果得出结论并提出相关对策建议。

3.1.2 文献综述

本章主要研究的是环境污染第三方治理的博弈问题。以传统的政府环境监管部门与排污企业之间的监督博弈动力学分析为基础，讨论第三方企业与排污企业之间、政府环境监管部门与第三方企业之间以及第三方企业、排污企业与政府环境监管部门之间的博弈关系，并对环境污染第三方治理的激励机制进行探讨。因此，本节将从传统的环境污染问题博弈相关研究、环境污染第三方治理相关研究及激励机制相关研究三个方面进行系统梳理。

（1）传统的环境污染问题博弈相关研究。环境污染问题从经济学角度出发是源于环境资源本身的外部不经济性，因此单纯靠环境治污是难以解决该问题的。环境污染问题的产生最主要的原因是企业自身利益最大化与社会整体利益之间的冲突，而博弈论为解决环境污染问题提供了一种解决冲突的理论方法。

1）完全理性条件下经典博弈理论与环境污染问题。传统博弈理论从理性人出发，认为参与人都是行为最优化者，有什么样的条件就会得出什么样的结果，结果与条件是一一对应的，并且系统会在均衡之间跳跃式的发展。因而不需要也不必要对均衡过程进行分析，所谓的动态过程是指其信息传递参与人对信息的反应过程。

合作博弈主要是研究人们达成合作时如何分配合作得到的收益，即收益分配问题，随着博弈理论的发展和应用领域的扩展，研究者发现，合作应该是理论的结果而并非前提，应该以非合作博弈（Non-cooperation Game）的方式建模描述合作的达成，非合作博弈理论适用于更广泛的社会经济形式[4][5]。非合作博弈论研究人们在利益相互影响的局势中如何决策使自己的收益最大，即策略选择问题。在环境问题中最著名的就是 Hardin 在 1968年发表的关于"公地悲剧"（The Tragedy of the Commons）的论文，该论文指出了如果不对公共资源的使用加以限制，而被自由使用，则公共资源最终将被完全耗尽。杨林、高宏霞（2012）参照"公地悲剧"研究了环境监管部门和排污企业之间博弈过程导致环境恶化的原因，发现增大厂商的经济激励、博弈能力会恶化环境，反之，则可减轻环境污染[6]。

尽管非合作博弈论的应用前景为多数经济学家所看好，然而，美中不足的是一个博弈往往存在多个纳什均衡。对于两人零和博弈而言，多个均衡存在并没有太大的实质问题[7]。但是在两人非零和博弈和多人博弈中均衡的选择问题就难以解决了。当存在多个均衡时，若期望达到某个纳什均衡，则必须存在某种能够导致每个博弈方都预期到该均衡出现的机制[8]。

环境污染动态博弈问题的应用从研究对象的特性大致可以分为两类：一类是考虑环境的破坏程度仅仅与污染的速度相关，而不考虑累积污染量的破坏程度，即当问题的本质是静态的。这一类的环境污染问题研究比较多的是针对"囚徒困境"合作问题的讨论，主要是利用重复博弈（repeated）进行分析。

简井（Tsutsui）等（1990）证明了在单阶段的双人对称博弈存在非线性马尔科夫均衡，多克纳（Dockner）（1993）和费辛格（Feichtinger）（1993）将 Tsutsui 的结论应用于全球污染问题的分析[9][10]。马勒（Mäler）发现当博弈的基本类型是囚徒困境的时候，尽管合作可以产生帕累托最优结果，而且每个国家一旦背叛合作或者在减少污染中搭"顺风车"都会面对面临严厉的惩罚，但是合作以降低污染是难以实现的[11]。福登伯格（Fudenberg）和梯罗尔（Tirole）（1991）利用重复博弈分析囚徒困境模型是发现：如果参与者知道彼此博弈不仅仅是一次，他们有足够的耐心，同时他们也无法预知博弈何时会结束时，帕累托最优结果是可以达到的[8]。巴雷特（Barrett）（1994）研究扩展的囚徒困境模型时发现在单次博弈中，部分博弈者的有限合作是存在均衡的[13]。巴塔巴尔（Batabyal）（1995；1996）利用 Stackelberg 动态博弈来描述具有先动优势的政府与排污企业之间的关系[14][15]。约瑟夫逊（Josephson）（2008）利用重复博弈分析了政府环境法规对需求不确定条件下垄断企业策略影响，结果表明征收排污税将会影响企业的财政结构并降低企业的市场竞争力[16]。在现实中，政府往往难以直接观测到企业行为或者采用某种激励方法获得关于企业成本函数的相关信息时，信息不完全和不完美使得博弈分析变得十分复杂。在重复博弈中，博弈环境一般是假设不变的，而在实际的环境污染问题中，博弈环境并非一成不变的，会随着博弈过程而自我演变成为其博弈结果。

另一类是考虑污染的累积过程中给环境带来的破坏，目前此类环境问题，比如气候变化（大气二氧化碳加速）、臭氧消耗（氟氯碳的累积）、生物物种的减少、酸雨和海洋捕杀等，博弈者关注的是污染的累积，即污染的累积量是与博弈支付函数相关的。博弈双方的合作不仅仅有利于总体获益的提高，也能降低污染排放，降低污染水平[17]。但是如果合作能够促进合约双方获益的增加，为什么在实际中各种环境公约却难以被大家遵守？国家之间的不对称造成搭"顺风车"行为的产生是其原因之一。从个体理性的角度出发制定相应的环境公约以保证博弈过程中，任何参与者合作的获益都不会低于违约的获益，从而达到提高环境质量的目的。

2) 有限理性条件下演化博弈与环境污染问题。进化博弈理论从有限理性的参与人群体出发，认为参与人并不是行为最优化者，系统达到均衡并不是瞬间可以完成的，而需要一个复杂的渐进过程，均衡结果是依赖于达到均衡的路径，分析系统达到均衡的过程是理论的核心之所在。有限理性，指的是博弈参与者具有一定的统计分析能力和对不同策略获益的事后判断能力，但是缺乏事前的预见和预测能力。有限理性意味着：①博弈的过程同时也是个学习的过程，在学习中，博弈参与者通过模仿与比较寻找优化策略；②一般总有部分博弈参与者不会采用完全理性的均衡策略，这是因为除了均衡总在不断地调整之外，也存在博弈参与者找到了最优策略而又再次偏离的可能。

哈林顿（Harrington）（1988）通过对美国 70 年代末 80 年代初，包括罗素（Russell）等（1986）在内的关于监控、执法和各种环境法律法规的执行情况研究分析，对贝克斯（Beckers）（1968）的理性犯罪理论提出了质疑，他认为惩罚力度并非越严厉越有效，限制惩罚的额度反而能提高执法机构的效率，这就是著名的"哈林顿悖论"[18]。纽伯格（Nyborg）（2006）通过对挪威环境法规相关数据深入分析后认为，"哈林顿悖论"只能作为一个假设，而非事实[19]。安特威勒（Arrtweiler）（2000）对学术界提出的不少企业为减少对环境的影响而采取自愿环保行动一说，采用加拿大国家污染排放记录数据考察了企业减少污染排放的动机，结果发现企业减少污染排放并非是一种自愿行为，而是受到政府管制和公众压力等各方面影响产生的结果[20]。近年来不少学者也认为并非所有的环境资源问题都是"公地悲剧"，人类社会中的个体行为不仅仅受到经济因素的影响，同时也会考虑其他心理因素，从而存在合作的可能。侯瑜、陈海宇（2013）提出排污费的标准并不是越高越利于环境保护也不是越低越利于经济发展，要具体考虑当地排污企业和环保企业的比例[21]。

随着博弈论的发展及应用领域的深入研究，人们开始对传统经济博弈论中博弈者完全理性的假设条件产生质疑，而博弈论在生物学领域的应用而发展起来的演化博弈理论为人们分析社会经济领域中各种复杂的动态长期冲突关系提供了一种新的思路。目前，国外演化博弈论的研究主要集中在博弈演化稳定策略分析，同时也出现了一些新的思路，如博弈参与者一方模仿条件下的合作演化问题，演化博弈中个体的自适应学习机制等[22]。

演化博弈在环境污染问题方面的应用相对而言还比较少。陶建格等（2009）针对当前环境治理博弈研究中完全信息、静态决策和理性决策等的局限性，利用演化博弈论的方法，建立了一个环境治理博弈的演化博弈均衡模型，分析了参与博弈主体的动态演变过程[23]。马国顺、任容（2015）运用演化博弈理论建立政府与企业、企业与企业之间的支付矩阵，通过建立复制动态方程进行基于雅可比矩阵的稳定性的演化动态分析，分析结果表明政府加大监管力度，企业之间加强合作，可以有效降低污染物的产生及污染治理成本[24]。

目前关于环境污染演化博弈分析主要针对两类群体之间，包括企业与企业的对称博弈，企业与政府的不对称博弈，没有涉及环境污染第三方治理的情况。大多数是在一般支付矩阵条件下对博弈模型的演化稳定策略存在性进行讨论，对于各种环境政策及策略对演化博弈均衡的存在性的影响和博弈过程中可能出现的复杂动力学行为并没有加以考虑和分析。

3）博弈仿真与系统动力学。演化博弈，尤其是多人混合博弈问题的研究，目前大多数文献都是采用基于多智能体（Multi-Agent）的整体建模仿真来研究合作的涌现问题[25][26][27]。该方法可以用来分析某种固定政策对个体决策行为的影响，但是对于动态政策，即某个策略随博弈个体决策行为变化而变化的情况，基于多智能体的仿真方法就存在一定的困难和局限性。从某种意义上讲，博弈是一种决策者对对手信息和行动的决策反馈。博弈中存在很多反馈的特性，如双赢互惠（Reciprocity）的概念、相互依赖的策略（Interdependent Choices）、TFT（Tit-For-Tat）策略等。美国麻省理工学院福瑞斯特（J. W. Forrester）教授于 20 世纪 50 年代中期创立的系统动力学就是一种研究复杂系统中信息反馈行为有效的计算机仿真方法[28]。系统动力学能够从系统整体出发，在系统内部寻找和研究相关影响因素注重系统的动态变化与因果影响，是一种定性定量相结合的模拟方式，能够在非完备信息状态下分析求解复杂问题。基姆（Don-Hwan Kim）（1997）利用系统动力学对一个执法者与违法者之间的混合战略动态博弈模型进行了建模仿真，并对博弈过程的动力学行为做了一定分析，在揭示了 Nash 均衡背后隐藏的动态过程的同时，对传统静态博弈模型分析结论与现实中存在的矛盾现象作出了合理的解释[29]。

（2）环境污染第三方治理的相关研究。对于环境污染第三方治理问题，国内外学者对环境污染第三方治理做了一定研究，研究者主要从环境污染第三方治理实施机制与对策分析方面展开论述。对骆建华（2014）、葛察忠

（2014）、张全（2014）、谢海燕（2014）等的研究进行综合分析，可以看出目前环境污染第三方治理的推行主要存在以下问题：①环境治理责任转移，法律责任界定不清；②市场环境不规范，准入与退出机制未建立，市场配置还没有发挥决定性作用；③环境监管和服务体系不够完善，依法治理导致外部压力不足；④第三方企业自身能力不足，存在技术障碍、治理经济成本等各方面问题，导致第三方治理的内生动力不足。主要解决方案有以下几条：①完善责任体系，政府违约补偿，与排污企业责任共担；②培育环境污染第三方治理所需的市场环境，建立准入与退出机制，规范市场管理，加强行业自律；③做好环境污染第三方治理模型的顶层设计，制定有关技术规范、量化标准，加快立法进程，完善环境监管与服务体系；④培育能够提供专业化服务的第三方企业，强化融资、财税等经济上的激励政策[30][31][32][33]。

王琪、韩坤（2015）对环境污染第三方治理中的政企关系进行研究，现实中的政企关系均从自身利益出发进行行为选择，相互关系容易发生扭曲，从而影响第三方治理的实施[34]。因此，提出构建社会责任机制、加强政府监管、制定信息公开，建立信息共享、完善市场机制等对策。为推行环境污染第三方治理前，中国的环保产业已经萌芽，部分学者也曾探讨过政府、排污企业、环保企业的博弈。但主要研究排污费与环保利润之间的关系，原毅军、耿殿贺（2010）提出政府和排污企业博弈均衡时的排污费与环保产业利润最大化时的排污费相等，政府促进环保企业的发展能够提高社会福利[35]。

（3）激励机制相关研究。国家制定各种环境政策来对环境资源进行管理，而监管机制则是保证各项法令法规贯彻实施的关键，没有一个完善有效的监管机制，则难以达到预期执行效果。而环境污染第三方治理不仅对其进行监管，在发展初期更为重要的是帮助第三方企业，对第三方企业进行激励。任维彤、王一（2014）提出可以利用税收和补助金等经济手段激励"第三方治理"企业，日本在财政经费中设有专门的环境保全经费，用以资助环保领域的开发与建设。中国可借鉴日本的激励模式，设立财政专项资金，并可以减少治污企业的税收，降低企业成本[36]。范战平（2015）在对环境污染第三方治理机制构建困境进行分析的基础上，提出了相应的对策，针对激励机制的构建这一方面提出要有财政和金融政策的扶持和优惠，如减免税收、无息贷款等[37]。张宇庆（2015）提出强制缔约可作为环境污染第三方治理的实施机制，并且要以强制要约为主，强制承诺为辅，可以促使市场监督，通过公私法的接轨实现环境污染的第三方治理的法律保护[38]。董茨（Dong Z）（2014）等提出规范监测市场，政府补充辅助第三方提升检测能力和管理水平[39]。陈思禄（Chen Silu）（2015）等提出能源管理系统已成为更受欢迎的组织政策，程序和操作议程。能源管理系统能有效地提高企业的技术开发、管理效率和企业绩效，对第三方企业具有激励作用[40][41]。郭朝先、刘艳红、杨晓琰、王宏霞（2015）提出推行环境污染第三方治理一方面政府营造利于第三方企业发展的环境政策，加大环保投入力度，大力发展环保市场；另一方面可以大力推行 PPP（Public Private Partnership，公私合伙或合营）投融资模式，推进绿色金融创新，丰富环境污染第三方的投融资工具[42]。

3.2 研究意义和技术路线

3.2.1 研究意义

环境污染第三方治理作为一种治理环境污染的新理念，若实施得当，不仅可以提升环境污染治理效率，还可以创造更多的市场需求，提供更多的就业机会，形成新的可持续发展经济增长点。由于尚且处于初步探索阶段，还面临一系列亟待解决的问题。国内外学者主要运用博弈论研究了在环境资源方面政府与排污企业之间的利益冲突，关于环境污染第三方治理方面多为机制构建策略、发展思路以及存在困境等方面的研究，缺乏政府环境监督部门、排污企业与环境污染第三方之间的博弈关系的研究。因此，选择环境污染第三方治理的博弈问题作为研究主体，具有一定的理论意义和实践意义。

（1）理论意义。中国环境污染第三方治理将市场机制引入到环境污染治理中，将排污企业所承担的环境责任转变成了经济责任。这有利于提高污染治理效率以及监管效率，也更加注重了市场的资源调配作用，管理对象由以前的"管企业"转变为"管市场"；管理手段由"政府管制"到"市场调节，自主治理"；管理方式也由"事前管理"转变成为"事中事后管理"，不仅是环境管理制度的重大创新，更是治理环境污染的机理性转变。环境污染第三方治理还有助于消除"环境的外部不经济性"，除了可以向排污企业提供专业的环保设施外，还为排污企业提供环保减排方案，这虽然不能积累财富，却会给生态环境带来"正外部性"，从而起到增加社会福利的作用。

本章通过政府监督惩罚和激励机制两个方面对环境污染第三方治理博弈问题进行研究，明确了第三方企业、排污企业与政府环境监管部门之间的博弈关系，寻找到 ESS（Evolutionarily Stable Strategy，演化稳定策略）演化均衡点，基于系统动力学建立仿真博弈模型，对其短期和长期的影响进行分析。并从环保产业投融资、能源管理系统和环境污染第三方治理的法理效用对环境污染第三方治理的激励机制进行探讨并对其发展给出对策建议，这些研究将发展和丰富中国环境污染第三方治理的相关理论，因此本文的研究具有一定的理论意义。

（2）实践意义。环境污染第三方治理作为一种治理环境污染的趋势，目前，还面临一定的困境。例 如，制度设计不完善、发展思路不明确、法律责任界定不清晰、第三方企业自身不健全等。对其博弈问题构建模型与分析不论是对政府还是对排污企业、第三方企业均可提供一定的建设意义，尤其为环境污染第三方的发展提供现实参考价值。

3. 2. 2 技术路线

技术路线图如图 3-1 所示。

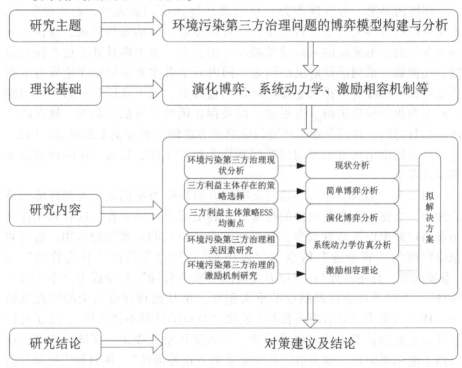

图 3-1　技术路线图

3.3　环境污染第三方治理的博弈分析

3.3.1 博弈主体之间的定性分析

（1）博弈主体的利益分析。环境污染第三方治理过程中涉及多方利益主体，这里主要考虑政府、环境污染第三方治理企业和排污企业单方利益主体间对环境污染第三方治理工作的影响。政府、环境污染第三方治理企业和排污企业在环境污染第三方治理过程中根据自身所关心的问题进行博弈，以期自身利益最大化。所选择的相应策略均根据其他博弈主体之间的策略来制定。对于政府、环境污染第三方治理企业和排污企业在环境污染第三方治理过程中的利益分析如下：

1）政府利益分析。政府推行环境污染第三方治理可以有效的缓解现阶段政府环保投入增加但环境状况改善不显著的情况，环境污染第三方治理的推行打破了原有的博弈环境，可以改善政府与排污企业间的博弈关系，是政府管理制度方面的重大创新。政府推行环境污染第三方治理所带来的社会效益（政府形象及公信力）要远远大于以往的环境污染治理形式。在环境污染第三方治理的前期推行过程中，政府需要提供必要的扶持，给予第三方企业提供优惠政策。例如减免税收、针对第三方治理设立专项基金等。总体来说，政府在环境污染第三方治理中承担监督的责任还要给予第三方企业与排污企业相应的政策支持，以惩罚与激励相结合的手段保证排污达标实现最大的社会效益。

2）第三方企业利益分析。由于排污治理过程困难，排污企业的治理水平良莠不齐，对于众多排污企业的排污状况政府监管较为复杂等，这就需要第三方治理团体——第三方企业（节能环保企业）。第三方企业是环境污染第三方治理政策中主要面向对象，也是第三方治理能够顺利推行的重要因素。对于环境污染第三方治理止中的第三方企业而言，其最主要的目的是达到企业利润的最大化。在生产经营过程中，第三方企业将会面临两种选择，一种是守法经营，一种是与排污企业合谋或治污不达标的违法经营。守法经营与违法经营的取舍在于哪一种方式能够带来利益的最大化。如若与排污企业合谋被查处之后所得利益仍旧大于守法经营的多得利益，对于第三方企业而言，将会选择违法经营这一策略行为。因此，在此过程中政府的监察力度、激励方式、所制定的排污标准以及与排污企业合谋时能够得到的利益等均会影响第三方企业的选择。在此情况下，制定合理的排污标准、激励策略以及监察力度，保证政府和第三方企业的利益最大化才是最重要的。

3）排污企业利益分析。排污企业是环境治理的主要治理对象，对于以盈利为主要目的排污企业而言，环境治理问题是其避之不及的问题之一。排污企业考虑的问题是守法策略与违规策略哪一策略带来的收益更大。作为政府为了激励排污企业达标排污必然会提供合理的优惠政策以及惩罚措施，从而顺利实施环境治理工作。排污企业在环境治理的过程中，第三方提供的治理策略、政府制定的政策法规等均会影响排污企业的积极性。

（2）三方博弈焦点分析。

1）政府与第三方企业之间的博弈。政府是环境污染第三方治理的推行者，第三方企业是推行此政策的直接面向对象之一，政府与第三方企业之间的博弈关系主要涉及的是政府的监管力度、所给予的激励力度以及排污标准的问题。中国目前的环境污染主要在于排污企业不自觉守法，偷排未达标废物等，给环境治理问题带来了一系列难以解决的问题。另外第三方企业主营业务收入就是环境治理带来的收益。因此，环境污染第三方治理推行后，第三方企业能够获得政府的大力支持以及科学合理的排放标准等是第三方企业博弈过程中关注的焦点。对于政府而言，保障第三方企业的关注焦点得到合理满足外，还需考虑自身的收益情况（环境效益和社会效益）。

2）政府与排污企业之间的博弈。通过环境治理，政府可以获得较高的环境效益和社会效益。因此，政府定会为环境治理工作提供优惠政策与惩罚制度。而排污企业是追求自身收益最大化的组织，排污企业在选择是否遵守环境治理制度时，首先考虑环境治理成本的高低，因此排污企业就期望政府能够给予更高的优惠措施来降低自身的治理成本。所以治理的成本与收益之间的平衡是政府与排污企业之间的博弈焦点。

3）第三方企业与排污企业之间的博弈。对于环境污染的治理，排污企业是否积极参与其中是环境治理能够成功的重要因素。除了得到政府的优惠措施外，第三方企业给出的治理价格也影响着治理成本，因此是排污企业与第三方企业之间的第一个博弈点。除此之外第三方企业与排污企业之间均存在是否守法经营的问题，当两者违法经营的收益均大于守法经营时，就会出现合谋经营的现象，排污企业给予第三方企业一定的"好处"，但此"好处"小于环境治理的成本，第三方企业则出具排污企业环境达标的相关文件，共同获得非法收益。第三方企业合谋是为了自身利益向排污企业寻租，有意疏于对排污企业排污行为的治理与监管，出具虚假监控数据或环保治理设施作假；排污企业合谋是为了追求最大的经济利益，通过向监理方行贿达到隐藏自身不达标排污的目的。

本节主要利用定性分析的方法研究了环境污染第三方治理系统博弈间的策略选择与博弈焦点，明确博弈主体间的博弈关系及其焦点，并为后续的定量研究提供理论基础，同时对博弈策略的设置，博弈模型的构建提供依据。

3.3.2 环境污染第三方治理各利益主体的分析

由于环境污染所带来的社会问题日益严重，推行环境污染第三方治理形成良好的环境治理机制，将环境治理好尤为重要。环境在当今社会的发展中已经成为了一种同原材料、燃料、设备等一样的"资源"，伴随着"碳交易"制度在中国的不断试行，环境这一资源对于企业的生产运作而言变得越来越重要。环境污染第三方治理涉及社会、经济、环境等多个方面，同时也涉及多个博弈主体，想要分析环境污染第三方治理中所存在的问题，必然要考虑几方参与者间的利益关系。

结合系统动力学理论与上文中对环境污染第三方治理系统的定性分析，可做出如图 3-2 所示的环境污染第三方治理博弈系统的系统框图。

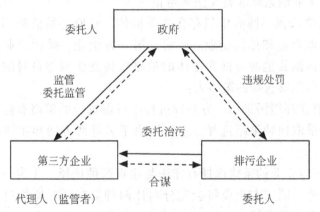

图 3-2　环境污染第三方治理系统框图

如图 3-2 所示，政府对第三方企业和排污企业所采取的环境政策是完全被第三方企业所观测的，因此政府到第三方企业和排污企业的信息传递用实线表示；排污企业的环境污染情况是不可能完全被政府所观测的，因此排污企业到政府的信息传递用虚线表示，但是第三企业相对于政府来讲，可以较为直观地观测到排污企业的环境污染情况，因此排污企业到第三方企业的信息传递用实线表示，但第三方企业未必会把这一信息传递给政府，因此第三方企业到政府间的信息传递用虚线表示；第三方企业与排污企业之间存在着合谋的倾向，因而排污企业与第三方企业之间的信息传递用虚线表示。

综上所述，在目前的环境污染第三方治理系统中存在着多方的博弈，在这种多方博弈格局中，不同的主体地位及其博弈的能力的不同，导致博弈主体间的利益冲突不明显，因而影响了环境污染的治理效果，博弈主体究竟如何选择博弈策略才能够满足自身收益以及环境污染的治理效果是本章的研究重点。

（1）模型的基本假设。此处假设环境污染第三方治理系统中的一切成本、费用、收益等都是可量化的；且假设政府对第三方企业的激励政策均是符合社会、经济、环境的发展要求的，所有排污企业均采用第三方的方式进行环境治理。为了便于分析，假定排污企业均委托第三方企业治理污染。同样的，合谋行为被监管时第三方企业及排污企业均不存在通过各种形式逃避处罚的情况，除合谋行为外治理效果均由第三方企业承担相应责任；另外假设政府、第三方企业及排污企业在博弈过程中所选择的博弈策略中的策略收益值均为正值且可量化。然而，当合谋行为发生时，第三方企业和排污企业的策略收益无法确定正负。

（2）策略选择。博弈中只存在3类群体：政府环境监管部门、环境污染第三方治理企业和排污企业。政府、第三方企业、排污企业在城中村改造过程中会根据其他两方博弈主体的策略选择变化调整自身的策略，对于三者而言其所能够选择的策略为：

1）政府在环境污染第三方治理过程中可能选择的策略有监管与不监管两种。政府采取何种策略选择，主要取决于另外两方博弈主体的不同的策略选择情况。

2）第三方企业的策略选择有守法与违规两种选择，作为一个追求利益最大化的企业，第三方企业将会充分对比两种策略选择所给自身带来的收益从而进行策略的选择。

3）排污企业的策略选择同第三方企业一样有守法与违规两种选择，同样的，排污企业也是一个追求自身利益最大化的经济体。因此，在策略选择时，也会充分比较守法经营与合谋经营两种策略带来的收益多少进行策略选择，如图3-3所示。

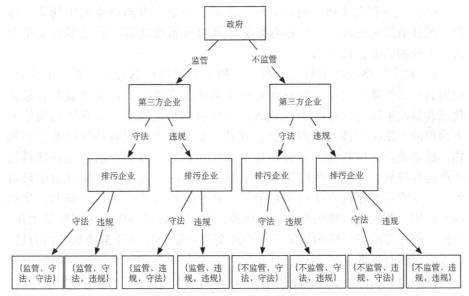

图 3-3　博弈主体战略组合

$S_1 = \{S_{g1}, S_{s1}, S_{d1}\} = \{$监管，第三方企业守法，排污企业守法$\}$

$S_2 = \{S_{g1}, S_{s1}, S_{d2}\} = \{$监管，第三方企业守法，排污企业违规$\}$

$S_3 = \{S_{g1}, S_{s2}, S_{d1}\} = \{$监管，第三方企业违规，排污企业守法$\}$

$S_4 = \{S_{g1}, S_{s2}, S_{d2}\} = \{$监管，第三方企业违规，排污企业违规$\}$

$S_5 = \{S_{g2}, S_{s1}, S_{d1}\} = \{$不监管，第三方企业守法，排污企业守法$\}$

$S_6 = \{S_{g2}, S_{s1}, S_{d2}\} = \{$不监管，第三方企业守法，排污企业违规$\}$

$S_7 = \{S_{g2}, S_{s2}, S_{d1}\} = \{$不监管，第三方企业违规，排污企业守法$\}$

$S_8 = \{S_{g2}, S_{s2}, S_{d2}\} = \{$不监管，第三方企业违规，排污企业违规$\}$

上述 8 种博弈策略中，S_1 表示政府对第三方企业进行监管，第三方企业及排污企业均采取守法策略进行运营；S_2 表示政府对第三方企业进行监管，第三方企业采取守法策略、排污企业采取违规策略进行运营；S_3 表示政府对第三方企业进行监管，第三方企业采取违规策略、排污企业采取守法策略进行运营；S_4 表示政府对第三方企业进行监管，第三方企业及排污企业均采取违规策略进行运营；S_5 表示政府对第三方企业的行为不监管，第三方企业及排污企业均采取守法策略进行运营；S_6 表示政府对第三方企业的行为不监管，第三方企业采取守法策略、排污企业采取违规策略进行运营；S_7 表示政府对第三方企业的行为不监管，第三方企业采取违规策略、排污企业采取守法策略进行运营；S_8 表示政府对第三方企业的行为不监管，第三方企业及排污企业均采取违规策略进行运营。

（3）三方利益主体的收益分析。环境污染第三方治理系统中博弈主体会有怎样的策略选择，均根据各博弈主体每种策略选择下自身的收益情况进行不断的调整，说明如下：

1）政府策略选择的收益分析。政府有两种策略选择：监管、不监管。政府到底选择哪种策略，要看在每种策略状态下政府的行动收益是否最大化或者是此策略的收益是否达到或超出政府的预期收益。在环境污染第三方治理博弈系统中涉及政府的社会效益、监管成本、政府补助以及实施惩罚。社会效益是指政府公信力和环境效益，若第三方企业治污达标使排污企业达标排放，能够给政府带来一定的公信力的增加并且增加社会的环境效益。监管成本即政府部门在对第三方企业的环境治理达标监督时产生的成本费用。若想使得排污企业达标排放，政府相关部门应当做好监管工作，除此之外还需给予环境污染第三方治理企业一定的优惠政策增加扶持力度，并设定科学合理的惩罚制度，杜绝第三方企业的寻租行为，减少第三方企业与排污企业的合谋，从而使得使政府的自身效益达到一个均衡状态。

为方便后续研究，引入概率分布 $(\alpha, 1 - \alpha)$ 表示政府监管和不监管的概率，引入监管概率 α 的目的是为了模拟政府的实际监管情况，α 越趋近于 1 表明监管力度越强，当 $\alpha = 1$ 时代表政府采取实施监管的策略，而当 $\alpha = 0$ 时则代表政府完全不监管。为方便分析政府的收益情况，在此假设政府的监管成本为 a，如果由于监管力度不够导致第三方企业与排污企业之间出现违法行为，造成环境的污染，那么政府需承担后期的期望损失成本 b；若第三方企业与排污企业存在违规行为，对第三方企业与排污企业之间的惩罚分别为 c，d；治污效果良好政府给与第三方企业与排污企业一定的奖励 e，f。

2）第三方企业策略选择的收益分析。第三方企业策略选择为守法、违规两种，引入概率分布 $(\beta, 1 - \beta)$ 表示第三方企业守法和违规的概率，β 的高低代表其守法能力的强弱，当 $\beta = 0$ 时代表第三方企业不再履行监管的职责，甚至向排污企业寻租。第三方企业作为企业追求利益最大化对排污企业又有一定的监管的权利，当第三方企业选择守法经营时，正常运作可获得的收益为 k。当其选择违规经营这一策略时，将节省治理污染成本 l，然而在采取违规操作需要承担一定的期望损失，不仅包括名誉的损失等还包括寻求排污企业的合作而支付的租金，假设第三方企业寻租成功时的总期望损失为 m，寻租失败时的总期望损失为 n。

3）排污企业策略选择的收益分析。对于排污企业而言同第三方企业有守法、违规两种策略选择，引入概率分布 $(\gamma, 1 - \gamma)$ 表示第三方企业守法和违规的概率。当排污企业选择守法经营时，正常运作可获得的收益为 g。

当其选择违规这一策略时，将节省委托治污成本 h，然而在采取违规操作需要承担一定的期望损失，不仅包括名誉的损失等还包括寻求第三方企业的合作而支付的租金，假设排污企业寻租成功时的总期望损失为 i，寻租失败时的总期望损失为 j。

其中 $0 \le \alpha$，p，β，$\gamma \le 1$。

本研究所构建的演化博弈模型变量及其含义见表 3-1。

表 3-1　演化博弈模型变量及其含义

变量	变量含义	备注
a	监管成本	大于 0
b	政府忽视监管期望损失成本	大于 0
c	政府对第三方企业的处罚	大于 0
d	政府对排污企业的处罚	大于 c
e	政府对第三方企业的奖励	大于 0
f	政府对排污企业的奖励	大于 0
g	排污企业正常运作收益	大于 0
h	排污企业委托治污成本	大于 0
i	排污企业寻租成功时的总期望损失成本	小于 h
j	排污企业寻租失败时的总期望损失成本	小于 i
k	第三方企业正常运作收益	大于 0
l	第三方企业治理污染成本	大于 0
m	第三方企业寻租成功时的总期望损失成本	小于 l
n	第三方企业寻租失败时的总期望损失成本	小于 m

3.3.3 环境污染第三方治理各利益主体的演化博弈分析

演化博弈论按照随机抽取、等概率抽中的原则，且完全不受博弈主体主观因素的影响。演化博弈论以生物进化的方式为基础，博弈双方采用反复进行的方式进行策略的选择，且选择随着社会、经济、环境等因素不断变化。传统博弈中的完全理性已经不能适应这种研究，这时的博弈主体处在有限理性的情况下选择博弈策略。因此，开始博弈时往往无法一次性地找到最优策略，而是在不断的学习中总结经验得出最优策略。复制动态方程是演化博弈论的理论基础，现以复制动态方程分析演化博弈的机制，博弈主体的基本收益情况见表 3-2。

表 3-2　各博弈主体的收益情况 T

		博弈主体 1	
		策略 1	策略 2
博弈主体 2	策略 1	A1, A2	C1, C2
	策略 2	B1, B2	D1, D2

复制动态微分方程实际上是描述博弈过程中某一参与主体的某种特定策略在整个过程中被选择的频数或频度的动态微分方程，一般微分方程表达式如下：

$$F(x_n) = \frac{\mathrm{d}\,x_n}{\mathrm{d}t} = x_n(E(x_n) - \bar{E}) \qquad (3.1)$$

其中，x_n 为演化博弈过程中 n 策略的参与者占整个系统过程的比例，$E(x_n)$ 为博弈系统中采用 n 策略时的期望收益值，$\bar{u}$ 表示平均期望收益。

（1）博弈主体支付收益分析。引入 E_{ij} 表示第 i 各博弈主体选择 j 策略时的收益，其中，$i = g, s, d; j = 1, 2$。例如，E_{g1} 表示政府采取监管这一策略时的收益，E_{g2} 表示政府采取不监管这一策略时的收益。

在表 3-3、表 3-4 中，表格集合中的第一个函数项表示政府收益，第二个函数项表示第三方企业收益，第三个函数项表示排污企业收益。

表 3-3　政府监管策略下三方博弈支付收益矩阵

		排污企业	
		守法	违规
第三方 企业	守法	$\{-a-e-f,\ k+e,\ g+f\}$	$\{-a+d-e,\ k+e,\ g-d-j+h\}$
	违规	$\{-a+c-f,\ k-c-n+l,\ g+f\}$	$\{-a+c+d,\ k-c-m+l,\ g-d-i+h\}$

表 3-4　政府不监管策略下三方博弈支付收益矩阵

		排污企业	
		守法	违规
第三方 企业	守法	$\{0,\ k,\ g\}$	$\{-b,\ k,\ g-j+h\}$
	违规	$\{-b,\ k-n+l,\ g\}$	$\{-b,\ k-m+l,\ g-i+h\}$

（2）演化博弈分析。

1）演化博弈模型的建立。政府采取监管、不监管策略的期望收益 E_{g1}，E_{g2} 分别为：

$$
\begin{aligned}
E_{g1} &= \beta\gamma(-a - e - f) + \beta(1 - \gamma)(-a + d - e) \\
&\quad + (1 - \beta)\gamma(-a + c - f) + (1 - \beta)(1 - \gamma)(-a + c + d) \\
&= -a + c + d - \beta(c + e) - \gamma(d + f) \tag{3.2}
\end{aligned}
$$

$$
\begin{aligned}
E_{g2} &= \beta\gamma * 0 + \beta(1 - \gamma)(-b) + (1 - \beta)\gamma(-b) \\
&\quad + (1 - \beta)(1 - \gamma)(-b) = -b(1 - \beta\gamma) \tag{3.3}
\end{aligned}
$$

根据上述计算，得到政府的期望平均收益 $\bar{E}_g$ 为：

$$
\bar{E}_g = \alpha E_{g1} + (1 - \alpha)E_{g2} \tag{3.4}
$$

在本文中关于时间的假定是连续的，作为政府来讲会倾向于学习模仿回报率高的博弈策略行为，并且哪一策略给定的回报越高，那么博弈主体对其的学习和模仿会越多。

令政府采取监管策略时的概率变化率为 $\dfrac{d_\alpha}{d_t}$ 即政府的复制动态方程 $F(\alpha)$，则：

$$
\begin{aligned}
F(\alpha) &= \frac{d\alpha}{dt} = \alpha(E_{g1} - \bar{E}_g) = \alpha(1 - \alpha)(E_{g1} - E_{g2}) \\
&= \alpha(1 - \alpha)(-a + c + d - \beta(c + e) - \gamma(d + f) + b(1 - \beta\gamma)) \tag{3.5}
\end{aligned}
$$

同理可得：

第三方企业政府采取守法、违规策略的期望收益 E_{s1}，E_{s2} 与平均收益 $\bar{E}_s$ 及采取守法策略时的概率变化率 $F(\beta)$ 分别为：

$$
\begin{aligned}
E_{s1} &= \alpha\gamma(k + e) + \alpha(1 - \gamma)(k + e) + (1 - \alpha)\gamma k + (1 - \alpha)(1 - \gamma)k \\
&= \alpha e + k \tag{3.6}
\end{aligned}
$$

$$
\begin{aligned}
E_{s2} &= \alpha\gamma(k - c - n + l) + \alpha(1 - \gamma)(k - c - m + l) \\
&\quad + (1 - \alpha)\gamma(k - n + l) + (1 - \alpha)(1 - \gamma)(k - m + l) \\
&= k - m + l - \alpha c + \gamma(m - n) \tag{3.7}
\end{aligned}
$$

$$
\bar{E}_s = \beta E_{s1} + (1 - \beta)E_{s2} \tag{3.8}
$$

$$
\begin{aligned}
F(\beta) &= \frac{d\beta}{dt} = \beta(E_{s1} - \bar{E}_s) = \beta(1 - \beta)(E_{s1} - E_{s2}) \\
&= \beta(1 - \beta)[\alpha e + m - l + \alpha c - \gamma(m - n)] \tag{3.9}
\end{aligned}
$$

排污企业采取守法、合谋策略的期望收益 E_{d1}，E_{d2} 与平均收益 $\bar{E}_d$ 及采取守法策略时的概率变化率 $F(\gamma)$ 分别为：

$$
\begin{aligned}
E_{d1} &= \alpha\beta(g + f) + \alpha(1 - \beta)(g + f) + (1 - \alpha)\beta g + (1 - \alpha)(1 - \beta)g \\
&= \alpha f + g \tag{3.10}
\end{aligned}
$$

$$E_{d2} = \alpha\beta(g - d - j + h) + \alpha(1 - \beta)(g - d - i + h)$$
$$+ (1 - \alpha)\beta(g - j + h) + (1 - \alpha)(1 - \beta)(g - i + h)$$
$$= g - i + h - \alpha d + \beta(i - j) \qquad (3.11)$$

$$\bar{E}_d = \gamma E_{d1} + (1 - \gamma)E_{d2} \quad (3.12)$$

$$F(\gamma) = \frac{d\gamma}{dt} = \gamma(E_{d1} - \bar{E}_d) = \gamma(1 - \gamma)(E_{d1} - E_{d2})$$
$$= \gamma(1 - \gamma)\left[\alpha f + i - h + \alpha d - \beta(i - j)\right] \qquad (3.13)$$

2）均衡分析。经过上述分析，公式 3.5、公式 3.9、公式 3.13 描述了整个环境污染第三方治理系统演化博弈的群体动态，该系统博弈的群体动态可用公式 3.5、公式 3.9、公式 3.13 联立组成的 $F(x) = [F(\alpha), F(\beta), F(\gamma)]T$ 表示：

$$F(x) = \begin{cases} F(\alpha) = \dfrac{d\alpha}{dt} = \alpha(1 - \alpha)(-a + c + d - \beta(c + e) - \gamma(d + f) \\ \qquad\qquad\qquad + b(1 - \beta\gamma)) \\[2mm] F(\beta) = \dfrac{d\beta}{dt} = \beta(1 - \beta)(\alpha e + m - l + \alpha c - \gamma(m - n)) \\[2mm] F(\gamma) = \dfrac{d\gamma}{dt} = \gamma(1 - \gamma)(\alpha f + i - h + \alpha d - \beta(i - j)) \end{cases}$$

$$(3.14)$$

复制动态方程能够反映系统中博弈主体的学习速度及演化方向，当 $F(x) = 0$，表明此演化系统的博弈达到了一种相对稳定的均衡状态，即可求得政府、第三方企业排污企业三方博弈主体的局部均衡点。局部均衡点代表了环境污染第三方治理系统的演化博弈模型的均衡解。

令 $F(x) = (F(\alpha), F(\beta), F(\gamma))T = 0$，可得环境污染第三方治理演化博弈系统的均衡解，为：

$$x_1 = \begin{pmatrix} 0 \\ 0 \\ 0 \end{pmatrix}, \ x_2 = \begin{pmatrix} 0 \\ 0 \\ 1 \end{pmatrix}, \ x_3 = \begin{pmatrix} 0 \\ 1 \\ 0 \end{pmatrix}, \ x_4 = \begin{pmatrix} 0 \\ 1 \\ 1 \end{pmatrix}$$

$$x_5 = \begin{pmatrix} 1 \\ 0 \\ 0 \end{pmatrix}, \ x_6 = \begin{pmatrix} 1 \\ 0 \\ 1 \end{pmatrix}, \ x_7 = \begin{pmatrix} 1 \\ 1 \\ 0 \end{pmatrix}, \ x_8 = \begin{pmatrix} 1 \\ 1 \\ 1 \end{pmatrix}$$

$$x_9 = \begin{pmatrix} 0 \\ \dfrac{i-h}{i-j} \\ \dfrac{m-l}{m-n} \end{pmatrix}, \quad x_{10} = \begin{pmatrix} 1 \\ \dfrac{f+i+d-h}{i-j} \\ \dfrac{e+m+c-l}{m-n} \end{pmatrix}, \quad x_{11} = \begin{pmatrix} \dfrac{l-m}{e+c} \\ 0 \\ \dfrac{b+c+d-a}{d+f} \end{pmatrix},$$

$$x_{12} = \begin{pmatrix} \dfrac{h-j}{f+d} \\ 1 \\ \dfrac{b+d-a-e}{d+f+b} \end{pmatrix}, \quad x_{13} = \begin{pmatrix} \dfrac{b+c+d-a}{e+c} \\ \dfrac{l-m}{e+c} \\ 0 \end{pmatrix}, \quad x_{14} = \begin{pmatrix} \dfrac{l-n}{e+c} \\ \dfrac{b+c-a-f}{b+c+e} \\ 1 \end{pmatrix},$$

$$x_{15} = \begin{pmatrix} \alpha_{15} \\ \beta_{15} \\ \gamma_{15} \end{pmatrix}$$

但演化过程究竟趋向哪一个均衡点，还得取决于所建立模型中各参与方对博弈策略选择的初始状态以及复制动态方程在各个区间的正负情况，并根据每个均衡状态的具体情况进行判断。按照 Hirshleifer 的概念，若从使得动态系统的某均衡点的任意小邻域内出发的轨线最终都演化趋向于该平衡点，则称该平衡点是局部渐进稳定的，这样的动态稳定平衡点就是演化均衡点。可用雅克比（Jakobian）矩阵的局部稳定性来分析此系统动态均衡点的稳定性。分别对 $F(\alpha)$，$F(\beta)$，$F(\gamma)$ 求 α，β，γ 的偏导数，可得：

$$\frac{\partial F(\alpha)}{\partial \alpha} = (1-2\alpha)\left[-a+c+d-\beta(c+e)-\gamma(d+f)+b(1-\beta\gamma)\right]$$

$$\frac{\partial F(\alpha)}{\partial \beta} = \alpha(1-\alpha)(-c-e-b\gamma)$$

$$\frac{\partial F(\alpha)}{\partial \gamma} = \alpha(1-\alpha)(-d-f-b\beta)$$

$$\frac{\partial F(\beta)}{\partial \alpha} = \beta(1-\beta)(e+c)$$

$$\frac{\partial F(\beta)}{\partial \beta} = (1-2\beta)\left[\alpha e+m-l+\alpha c-\gamma(m-n)\right]$$

$$\frac{\partial F(\beta)}{\partial \gamma} = \beta(1-\beta)(n-m)$$

$$\frac{\partial F(\gamma)}{\partial \alpha} = \gamma(1-\gamma)(f+d)$$

$$\frac{\partial F(\gamma)}{\partial \beta} = \gamma(1-\gamma)(j-i)$$

$$\frac{\partial F(\gamma)}{\partial \gamma} = (1 - 2\gamma)(\alpha f + i - h + \alpha d - \beta(i - j))$$

综上得雅克比矩阵：

$$J = \begin{bmatrix} \dfrac{\partial F(\alpha)}{\partial \alpha} & \dfrac{\partial F(\alpha)}{\partial \beta} & \dfrac{\partial F(\alpha)}{\partial \gamma} \\[2mm] \dfrac{\partial F(\beta)}{\partial \alpha} & \dfrac{\partial F(\beta)}{\partial \beta} & \dfrac{\partial F(\beta)}{\partial \gamma} \\[2mm] \dfrac{\partial F(\gamma)}{\partial \alpha} & \dfrac{\partial F(\gamma)}{\partial \beta} & \dfrac{\partial F(\gamma)}{\partial \gamma} \end{bmatrix} = \begin{bmatrix} x_{11} & x_{12} & x_{13} \\ x_{21} & x_{22} & x_{23} \\ x_{31} & x_{32} & x_{33} \end{bmatrix} =$$

$$\begin{bmatrix} (1 - 2\alpha)\begin{pmatrix} -a + c + d - \beta(c + e) \\ -\gamma(d + f) + b(1 - \beta\gamma) \end{pmatrix} & \alpha(1 - \alpha)(-c - e - b\gamma) & \alpha(1 - \alpha)(-d - f - b\beta) \\[3mm] \beta(1 - \beta)(e + c) & (1 - 2\beta)\begin{pmatrix} \alpha e + m - l + \\ \alpha c - \gamma(m - n) \end{pmatrix} & \beta(1 - \beta)(n - m) \\[3mm] \gamma(1 - \gamma)(f + d) & \gamma(1 - \gamma)(j - i) & (1 - 2\gamma)\begin{pmatrix} \alpha f + i - h \\ + \alpha d - \beta(i - j) \end{pmatrix} \end{bmatrix}$$

可雅克比矩阵的行列式 det_j 和迹 tr_j 判断演化博弈系统的局部稳定性，雅克比矩阵的行列式 det_j 和迹 tr_j 分别为：

$$det_j = x_{11}\,x_{22}\,x_{33} - x_{11}\,x_{32}\,x_{23} + x_{21}\,x_{32}\,x_{13} - x_{21}\,x_{12}\,x_{33} + x_{31}\,x_{12}\,x_{23} -$$
$$x_{31}\,x_{x22}\,x_{13}\ tr_j = x_{11} + x_{22} + x_{33}$$

演化稳定策略（ESS）的判定，可以用均衡点的雅克比矩阵的行列式 det_j 及 tr_j 的符号判断。根据雅克比矩阵分析均衡点的稳定性在理论上可以实现，但计算量巨大，仅运用数学计算可能无法得到合理的结果，且难以制定博弈主体的策略选择。因而，本节考虑利用计算机仿真的手段对演化博弈的 15 个均衡点的稳定性情况进行分析。系统动力学的研究从系统整体出发，在系统内部寻找和研究相关影响因素，注重系统的动态变化与因果影响，是一种定性定量相结合的模拟方式，能够在不完全信息状态下分析求解复杂问题，因此选择用系统动力学的方法分析演化稳定策略的稳定性。

3.4 环境污染第三方治理系统演化博弈模型仿真与稳定性研究

环境污染第三方治理是一个涉及政治、经济、环境等多方面的复杂系统，本章将运用系统动力学研究环境污染第三方治理系统演化博弈的反馈结构，建立基于系统动力学的环境污染第三方治理演化博弈模型的系统流图，分析演化博弈系统均衡点的稳定性情况。

3.4.1 环境污染第三方治理系统演化博弈系统动力学模型

根据上一节环境污染第三方治理系统的演化博弈分析，本节采用 Vensim PLE 软件建立环境污染第三方治理系统的演化博弈系统动力学模型，该模型由三个子模型构成：政府监管系统动力学子模型、第三方企业系统动力学子模型以及排污企业系统动力学子模型，各个子模型中的状态变量、速率变量以及中间变量的函数关系由上节相应的复制动态方程确定。

（1）政府监管子系统动力学模型。政府监管子模型中含有 2 个状态变量、1 个速率变量、5 个中间变量、6 个外部变量，在政府这一博弈主体中，监管比率分别用 2 状态变量来表示，监管变化率用速率变量表示，外部变量对应图 3-4 中相应的 6 个变量，模型中状态变量、速率变量以及中间变量的函数关系由上一节环境污染第三方治理系统的演化博弈分析确定。政府监管子系统动力学模型如图 3-4 所示。

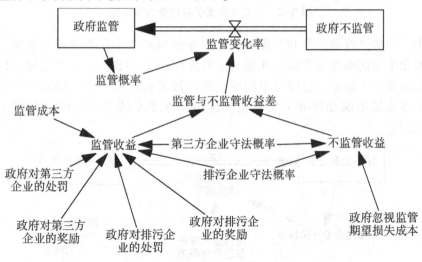

图 3-4　政府监管子系统动力学模型

（2）第三方企业子系统动力学模型。第三方企业子模型中含有 2 个状态变量、1 个速率变量、5 个中间变量、6 个外部变量，在第三方企业这一博弈主体中，守法经营的比率和合谋经营的比率分别用状态变量来表示，守法变化率用速率变量表示，外部变量对应图 3-6 中相应的变量，模型中状态变量、速率变量以及中间变量的函数关系由上一节中环境污染第三方治理系统的演化博弈分析确定。第三方企业子系统动力学模型如图 3-5 所示。

（3）排污企业子系统动力学模型。排污企业子模型中含有 2 个状态变量、1 个速率变量、5 个中间变量、6 个外部变量，在排污企业这一博弈主

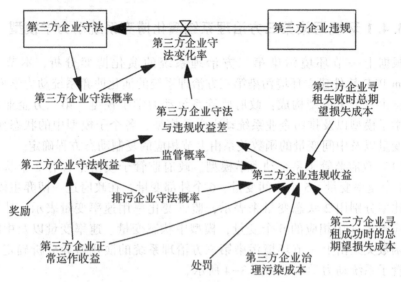

图 3-5　第三方企业子系统动力学模型

体中，守法经营的比率和合谋经营的比率分别用 2 个状态变量来表示，守法变化率用速率变量表示，外部变量对应图 3-6 中相应的 6 个变量，模型中状态变量、速率变量以及中间变量的函数关系由上一节中环境污染第三方治理系统的演化博弈分析确定。排污企业子系统动力学模型如图 3-6 所示。

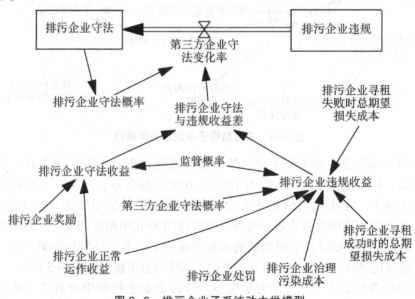

图 3-6　排污企业子系统动力学模型

（4）环境污染第三方治理系统的系统动力学演化博弈模型。综上，在对环境污染第三方治理系统演化博弈的政府子系统动力学模型、第三方子系统动力学模型和排污企业子系统动力学模型综合分析后可得环境污染第三方治理系统的系统动力学演化博弈模型，如图3-7所示。

3.4.2 环境污染第三方治理系统演化博弈模型仿真与稳定性分析

模型设置如下：INITIAL TIME = 0，FINAL TIME = 100，TIME STEP = 0.03125，Units for Time：Year，Integration Type：Euler，模型中外部变量初始值设置见表3-5。

表3-5　系统动力学模型中外部变量的初始值

变量	变量含义	变量取值
a	监管成本	3
b	政府忽视监管期望损失成本	7
c	政府对第三方企业的处罚	4
d	政府对排污企业的处罚	2
e	政府对第三方企业的奖励	2
f	政府对排污企业的奖励	1
g	排污企业正常运作收益	10
h	排污企业委托治污成本	2
i	排污企业寻租成功时的总期望损失成本	2
j	排污企业寻租失败时的总期望损失成本	1
k	第三方企业正常运作收益	8
l	第三方企业治理污染成本	2
m	第三方企业寻租成功时的总期望损失成本	1.5
n	第三方企业寻租失败时的总期望损失成本	1

将表3-5中外部变量的初始值带入环境污染第三方治理系统演化博弈的支付收益矩阵中，如图3-8所示。

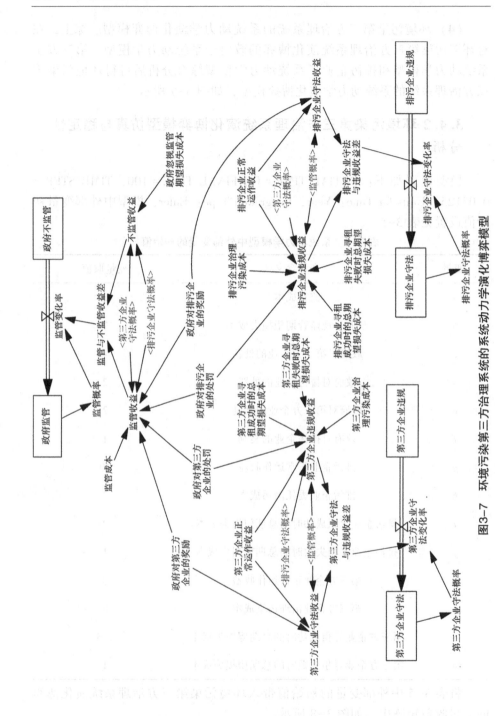

图3-7　环境污染第三方治理系统的系统动力学演化博弈模型

图 3-8　政府、第三方企业、排污企业支付收益矩阵

政府						
监管				不监管		
	排污企业				排污企业	
	守法	违规			守法	违规
第三方　守法	{-6,10,11}	{-3,10,9}		第三方　守法	{0,8,10}	{-7,8,11}
企业　违规	{0,5,11}	{3,4.5,8}		企业　违规	{-7,9,10}	{-7,8.5,10}

由上一节可知，环境污染第三方治理系统演化博弈的群体动态可用如下复制动态方程组表示：

$$F(x) = \begin{cases} F(\alpha) = \dfrac{d\alpha}{dt} = \alpha(1-\alpha)\,(-a+c+d-\beta(c+e)-\gamma(d+f)+b(1-\beta\gamma)) \\[2mm] F(\beta) = \dfrac{d\beta}{dt} = \beta(1-\beta)\,(\alpha e+m-l+\alpha c-\gamma(m-n)) \\[2mm] F(\gamma) = \dfrac{d\gamma}{dt} = \gamma(1-\gamma)\,(\alpha f+i-h+\alpha d-\beta(i-j)) \end{cases}$$

即：

$$F(x) = \begin{cases} F(\alpha) = \dfrac{d\alpha}{dt} = \alpha(1-\alpha)\,(10-6\beta-3\gamma-7\beta\gamma) \\[2mm] F(\beta) = \dfrac{d\beta}{dt} = \beta(1-\beta)\,(6\alpha-0.5\gamma-0.5) \\[2mm] F(\gamma) = \dfrac{d\gamma}{dt} = \gamma(1-\gamma)\,(3\alpha-\beta) \end{cases}$$

令 $F(x) = (F(\alpha), F(\beta), F(\gamma))\,T = 0$，可得环境污染第三方治理演化博弈系统的所有均衡解为：

$$x_1 = \begin{pmatrix}0\\0\\0\end{pmatrix}, \ x_2 = \begin{pmatrix}0\\0\\1\end{pmatrix}, \ x_3 = \begin{pmatrix}0\\1\\0\end{pmatrix}, \ x_4 = \begin{pmatrix}0\\1\\1\end{pmatrix}$$

$$x_5 = \begin{pmatrix}1\\0\\0\end{pmatrix}, \ x_6 = \begin{pmatrix}1\\0\\1\end{pmatrix}, \ x_7 = \begin{pmatrix}1\\1\\0\end{pmatrix}, \ x_8 = \begin{pmatrix}1\\1\\1\end{pmatrix}$$

$$x_{12} = \left(\dfrac{1}{3}, \ 1, \ \dfrac{2}{5}\right)T, \ x_{14} = \left(\dfrac{1}{6}, \ \dfrac{7}{13}, \ 1\right)T$$

（1）纯策略均衡解稳定性分析。根据环境污染第三方治理系统的演化

博弈模型中复制动态方程分析得到 8 个纯策略均衡解 $x_1 \sim x_8$，本节主要分析这 8 个纯策略均衡解的稳定性。

以 x_1 为例，将 x_1 带入环境污染第三方治理系统的演化博弈系统动力学模型进行仿真，得到此情形下的演化博弈状态，如图 3-9 所示。

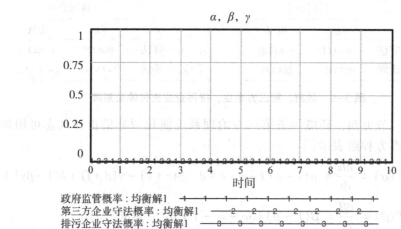

图 3-9　初始纯策略 x_1 的演化博弈过程

通过图 3-9 可以表明，当政府、第三方企业及排污企业之间的初始纯策略为均衡解 x_1 时，三方均没有主动改变自己的策略，此时演化博弈系统处在一种均衡的状态下。同样的，通过仿真发现当纯策略为另外 7 个均衡解时，博弈三方也没有主动改变自己的策略。但是，这种纯策略的均衡状态是不稳定的，存在一定的依赖现象。以 x_1 为例，如果因某些原因导致政府在策略选择时产生突变，监管概率由 $\alpha = 0$ 突变为 $\alpha = 0.05$，对这种情况进行仿真，结果如图 3-10 所示。

通过图 3-10 可以表明，纯策略均衡解 x_1 的均衡状态并不稳定，同时说明其不是演化稳定均衡，政府的监管概率由 $\alpha = 0$ 向 $\alpha = 1$ 演化，得出演化均衡状态由 $x_1 \rightarrow x_5$ 变化的结论。出现这种情况是因为某些原因导致政府策略突变后对比之前策略选择得到了较高的收益，因此政府这一博弈主体将不断学习与加强，最终导致由原来的不监管 $\alpha = 0$ 向监管 $\alpha = 1$ 的状态变化，环境污染第三方治理系统的演化博弈状态由 $x_1 \rightarrow x_5$。接下来，我们需要研究的是 x_5 是不是演化稳定均衡。假设在 x_5 的均衡状态下，第三方企业这一博弈主体中有部分初始策略发生了突变，选择按照政府规章制度以及环境污染排放标准等将其守法的概率由 $\beta = 0$ 突变为 $\beta = 0.6$，对此进行仿真，结果如图 3-11 所示。

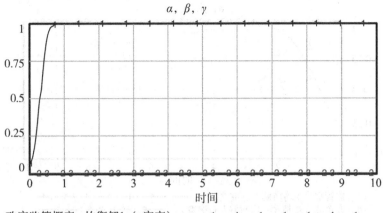

图 3-10　初始纯策略 $x_1(\alpha \to 0.05)$ 的演化博弈过程

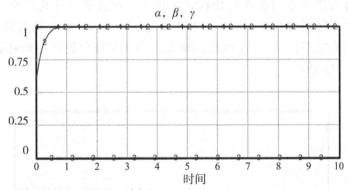

图 3-11　初始纯策略 $x_5(\beta \to 0.6)$ 的演化博弈过程

通过图 3-11 可以表明，纯策略均衡解 x_5 的均衡状态并不稳定，同时说明 x_5 也不是演化稳定均衡，第三方企业这一博弈主体集体向 $\beta = 1$ 演进，演化博弈系统的均衡状态由 $x_5 \to x_7$ 演化。接下来，我们需要研究的是 x_7 是不是演化稳定均衡。假设在 x_7 的均衡状态下，排污企业这一博弈主体中有部分初始策略发生了突变，选择按照政府规章制度以及环境污染排放标准等将其守法的概率由 $\gamma = 0$ 突变为 $\gamma = 0.2$，对此进行仿真，结果如图 3-12 所示，从图中可得出演化均衡状态由 $x_7 \to x_8$ 演进的结论，由此可表明纯策略均衡解 x_7 也不是演化稳定均衡状态。

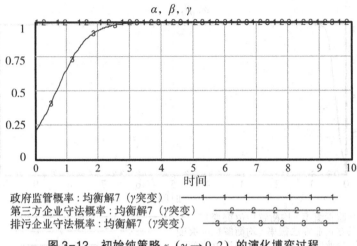

图3-12　初始纯策略 x_7（$\gamma \to 0.2$）的演化博弈过程

　　纯策略均衡解 x_8 是不是演化稳定均衡状态呢？假设在此状态下，由于第三方企业与排污排污企业均处在守法状态，政府稍稍降低监管力度，由原来的概率1降低为0.9，即 $\alpha = 1$ 突变为 $\alpha = 0.9$，对此状态进行仿真，结果表明均衡状态由 $x_8 \to x_4$ 演化，那么 x_8 也不是演化稳定均衡策略，演化过程如图3-13所示。

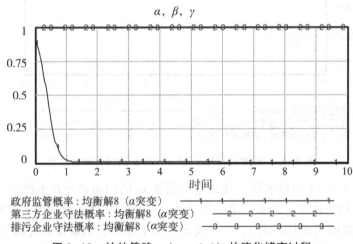

图3-13　始纯策略 x_8（$\alpha \to 0.9$）的演化博弈过程

　　对其余演化均衡解进行仿真分析发现，x_4、x_2、x_3、x_6 也均不稳定，综上仿真分析，不难发现，所有的演化均衡解中，博弈各方虽不会主动改变自己的策略选择，使博弈存在一种均衡状态，但是一旦有突变产生都会打破均衡，使现有均衡状态向其他均衡状态演化，即所有的纯策略均衡解均不是演化稳定均衡解。

（2）混合策略均衡解稳定性分析。环境污染第三方治理系统演化博弈模型中存在两个混合策略均衡解 x_{12}、x_{14}，本节主要分析 x_{12}、x_{14} 的稳定性。

$$x_{12} = \left(\frac{1}{3},\ 1,\ \frac{2}{5}\right)T,\ x_{14} = \left(\frac{1}{6},\ \frac{7}{13},\ 1\right)T$$

首先，以 x_{12} 为例，将其带入环境污染第三方治理系统的演化博弈的系统动力学模型中进行仿真，得到其演化博弈过程如图 3-14 所示。

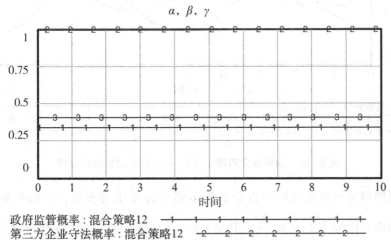

图 3-14　初始混合策略 x_{12} 的演化博弈过程

图 3-14 表明，在 x_{12} 状态下，政府、第三方企业、排污企业均没有主动改变策略选择，此时的博弈系统保持演化均衡的状态。但是，这种状态并不是稳定的，比如，政府在最初选择的监管力度 $\alpha = \frac{1}{5}$，因某种原因的冲击，导致政府改变策略选择将其的监管力度降低为 $\alpha = \frac{1}{5}$ 时，对此种状态进行仿真得到结果如图 3-15 所示。

由图 3-15 可得出政府监管力度的变化，不仅会引起本身的策略选择，影响状态变化，同时还导致排污企业的策略选择发生变化，排污企业一旦感知到系统中政府监管力度下降，它将会降低自己的守法概率，违规行为增加；这时，政府又会感知排污企业的违规行为增加，政府将会再一次增大自己的监管力度，这种变化在图 3-15 体现在政府与排污企业演化博弈策略选择围绕原策略附近的不断波动这一情形。

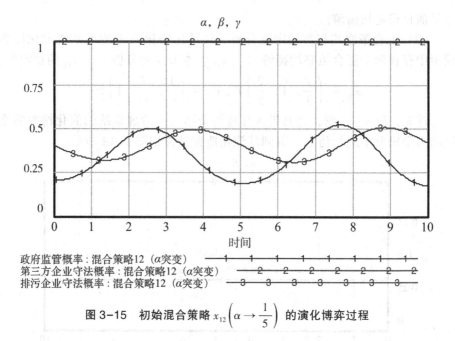

政府监管概率：混合策略12（α突变）
第三方企业守法概率：混合策略12（α突变）
排污企业守法概率：混合策略12（α突变）

图 3-15　初始混合策略 $x_{12}\left(\alpha \to \dfrac{1}{5}\right)$ 的演化博弈过程

同理当排污企业或第三方企业的策略选择发生突变时，排污企业选择守法的概率由原本的 $\gamma = \dfrac{2}{5}$ 上升至 $\gamma = \dfrac{3}{5}$，或者第三方企业选择守法概率由原本的 $\beta = 1$ 下降至 $\beta = 0.8$ 时，相对应得演化博弈过程都会出现波动，分别如图 3-16、图 3-17 所示。由此分析可以得出混合策略均衡解 x_{12} 不是演化稳定均衡解。

通过仿真分析不难发现，初始混合策略 x_{14} 也不是演化稳定均衡策略，博弈三方中任何一方的突变都会引起原均衡状态被打破，使演化博弈呈现持续波动的过程，因此初始混合策略 x_{14} 也只是处在一个相对均衡的状态中，相应的仿真演化过程如图 3-18 至图 3-20 所示。

通过对 x_{12}、x_{14} 两个混合策略均衡解的仿真结果可以得到以下结论：在初始混合策略下，环境污染第三方治理演化博弈系统中的博弈主体的策略选择不会随时间发生变化，即不会主动改变自身策略选择，此时的系统处在一种相对均衡的状态中。但是这一状态都不是稳定的，一旦演化博弈系统中任一博弈主体发生突变行为，现有均衡将被打破，演化博弈呈现出上下波动的情形。例如，政府增强或降低监管力度，都会导致第三方企业或者排污企业增强或降低自身的守法概率。同时，第三方企业与排污企业守法概率的增强或降低又会反作用于政府的策略选择。突变导致演化博弈出现波动的情况同时也说明了初始混合策略 x_{12}、x_{14} 都不是演化稳定均衡策略。

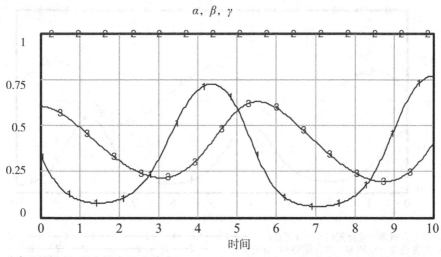

政府监管概率：混合策略12（γ突变）———1—1—1—1—1—1—1—1—1—
第三方企业守法概率：混合策略12（γ突变）———2—2—2—2—2—2—2—2—
排污企业守法概率：混合策略12（γ突变）———3—3—3—3—3—3—3—3—

图 3-16　初始混合策略 $x_{12}\left(\gamma \rightarrow \dfrac{3}{5}\right)$ 的演化博弈过程

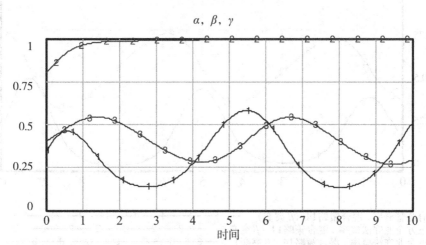

政府监管概率：混合策略12（β突变）———1—1—1—1—1—1—1—1—1—
第三方企业守法概率：混合策略12（β突变）———2—2—2—2—2—2—2—2—
排污企业守法概率：混合策略12（β突变）———3—3—3—3—3—3—3—3—

图 3-17　初始混合策略 $x_{12}(\beta \rightarrow 0.8)$ 的演化博弈过程

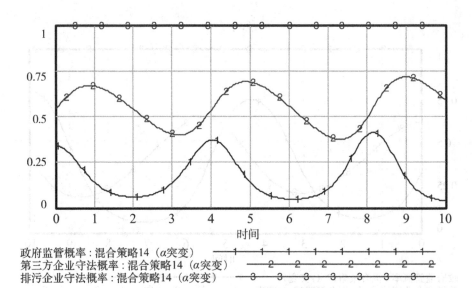

政府监管概率：混合策略14（α突变）
第三方企业守法概率：混合策略14（α突变）
排污企业守法概率：混合策略14（α突变）

图 3-18 初始混合策略 $x_{14}\left(\alpha \rightarrow \dfrac{1}{3}\right)$ 的演化博弈过程

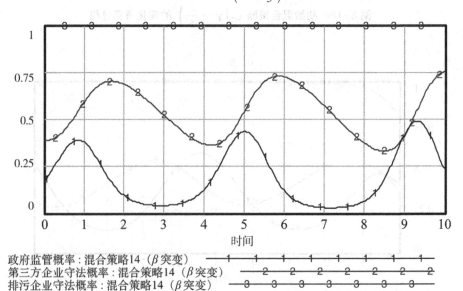

政府监管概率：混合策略14（β突变）
第三方企业守法概率：混合策略14（β突变）
排污企业守法概率：混合策略14（β突变）

图 3-19 初始混合策略 $x_{14}\left(\beta \rightarrow \dfrac{5}{13}\right)$ 的演化博弈过程

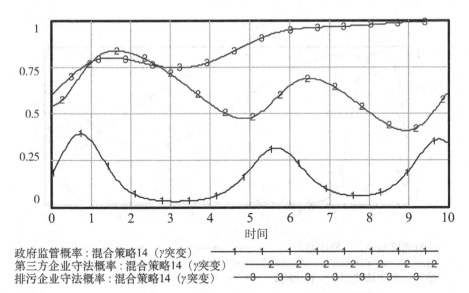

政府监管概率：混合策略14（γ突变）
第三方企业守法概率：混合策略14（γ突变）
排污企业守法概率：混合策略14（γ突变）

图 3-20　初始混合策略 $x_{14}(\gamma \rightarrow 0.6)$ 的演化博弈过程

（3）一般策略演化博弈稳定性分析。下面将分析更为普遍的情形，即初始策略不是均衡解的环境污染第三方治理系统演化博弈过程。如政府、第三方企业、排污企业的监管概率、守法概率、守法概率分别为 $\alpha = 0.7$、$\beta = 0.8$、$\gamma = 0.4$ 和 $\alpha = 0.3$、$\beta = 0.1$、$\gamma = 0.4$ 时的演化博弈过程。得到两种策略下的仿真结果分别如图 3-21、图 3-22 所示。

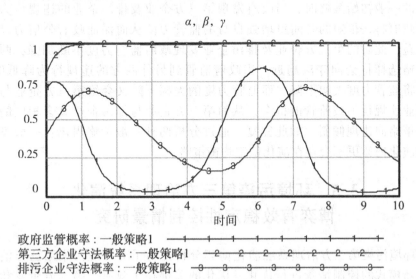

政府监管概率：一般策略1
第三方企业守法概率：一般策略1
排污企业守法概率：一般策略1

图 3-21　一般策略 1（$\alpha = 0.7$，$\beta = 0.8$，$\gamma = 0.4$）的演化博弈过程

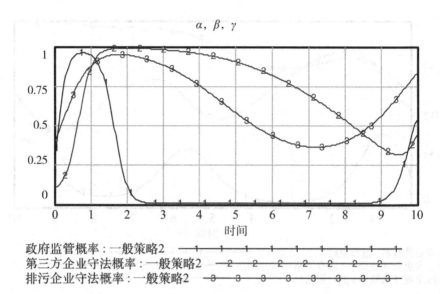

政府监管概率：一般策略2 ——1—1—1—1—1—1—1—1—1—1—
第三方企业守法概率：一般策略2 ——2—2—2—2—2—2—2—2—
排污企业守法概率：一般策略2 ——3—3—3—3—3—3—3—3—

图3-22　一般策略2（$\alpha = 0.3$，$\beta = 0.1$，$\gamma = 0.4$）的演化博弈过程

图3-21表明，环境污染第三方治理系统博弈三方中政府采取较强监管力度的一般初始策略时，因被监管的风险增大，其被监管后对第三方企业的处罚力度强于排污企业，第三方企业向$\beta = 1$的方向演化，而排污企业随着政府监管力度的强弱变化不断波动。

图3-22表明，环境污染第三方治理系统博弈三方中政府采取较弱监管力度的一般初始策略时，当政府发现第三方企业及排污企业的违规行为较多，政府将在很短的时间里增强自身的监管力度从而保证政府公信力以环境效益，此时的第三方企业及排污企业发现政府监管力度不断加强，两者的策略选择将会向守法趋近。当政府监管到另外两方的违规行为降低时，又会将监管力度大幅下降，而监管力度的大幅下降又会给第三方企业与排污企业违规且不被监管的机会，从而第三方企业与排污企业又会相应的将自身策略向违规倾斜，如此往复。通过分析两种一般策略得出：一般策略下的演化博弈更不会存在演化稳定均衡策略。

3.5　环境污染第三方治理系统演化博弈有效稳定性控制情景研究

环境污染第三方治理系统演化博弈分析是为了对环境污染第三方治理这一新模式的控制情景进行优化，优化的关键在于政府、第三方企业和排污企业在长期动态博弈的过程中做的三方收益的分析。本节针对第四节研究得出的环境污染第三方治理系统演化博弈不存在演化稳定均衡策略的情况，试图得到一定的控制情景使演化博弈系统得到有效地稳定性，这一情景可以有效控制环境污染第三方治理系统演化博弈过程波动情形，从而有效地控制第三方企业与排污企业的违规情况。

3.5.1 一般惩罚情景对系统演化博弈结果的影响

在环境污染第三方治理的政府监管现实情境中，政府加大对第三方企业及排污企业的处罚力度是常见控制情景之一。因此，本节将主要对不同处罚力度下第三方企业与排污企业的策略选择进行仿真分析，从而检测改变惩罚力度这一措施对第三方企业及排污企业违规行为有何作用效果。

在环境污染第三方治理系统演化博弈模型中，改变政府对第三方企业及排污企业的惩罚力度，分别对第三方企业的处罚 c 的取值由原本的 4 调整为 2、6、8，三方的初始策略为 ($\alpha = 0.5$，$\beta = 0.5$，$\gamma = 1$)；排污企业的处罚 d 的取值由原本的 2 调整为 0、4、6，三方的初始策略为 ($\alpha = 1$，$\beta = 0.5$，$\gamma = 0.5$)；以及同时对第三方企业的处罚 c 的取值由原本的 4 调整为 2、6、8，排污企业的处罚 d 的取值由原本的 2 调整为 0、4、6，三方的初始策略为 ($\alpha = 0.5$，$\beta = 0.5$，$\gamma = 0.5$)。对环境污染第三方治理系统演化博弈系统动力学模型进行仿真，对比原模型进行分析，得出博弈结果。仅改变对第三方企业的惩罚力度时，第三方企业以及政府的博弈结果分别如图 3-23 和图 3-24 所示。仅改变对排污企业的惩罚力度时，排污企业以及政府的博弈结果分别如图 3-25、图 3-26 所示。

从图 3-23 可以看出，随着政府提升对第三方企业的惩罚力度，同期使得第三方企业的守法概率提升且惩罚力度越强守法概率 α 趋向于 1 的速率越快，同时，演化博弈过程的波动性增加；而降低对第三方企业的惩罚力度，同期使得第三方企业违规概率上升，同时，第三方演化博弈过程的波动性降低。

从图 3-24 可以看出，随着政府提升对第三方企业的惩罚力度，同时期内，政府的监管力度下降，同时演化过程的波动性增大；而减小对第三方企业的惩罚力度时，同时期内，政府监管力度上升，同时演化过程的波动性降低。

图 3-25 和图 3-26 表示的仅政府改变对排污企业的惩罚力度时，排污企业以及政府的策略选择情况与政府仅改变对第三方企业的惩罚力度时的变化趋势相同，但当政府选择对排污企业的违规行为不予惩罚时，尽管政府监管演化至实时监管，排污企业依旧存在很高的违规概率。

以上分析说明：政府分别加大对第三方企业或者排污企业的惩罚力度

时，在短期内可以得到十分显著的效果，即第三方企业或排污企业的守法概率不断上升，政府的公信力及其环境效益得到满足。但是，从长期的发展看来，无论是第三方企业还是排污企业选择违规的的概率存在很大的波动性，博弈过程的振幅不断增大，政府对博弈过程更加难以掌握。这种情况与很多现实情景相吻合。例如，在排污企业生产运营过程中为加大自身收益、降低成本支出，部分排污企业将会冒着被处罚的风险偷偷排放污染物，当污染排放达到环境污染的标准，影响到周边的正常运作时，政府往往会出台较为严厉的控制措施，若排污企业仍选择违规的行为，那么将会受到严厉的惩罚，其他排污企业观察后，会相应地减少自身的违规行为，从而使得环境污染得到有效控制；但是，随着环境的好转，由于严密的监管需付出较大的监管成本，因此政府会放松对排污企业的监管力度。此时，排污企业的违规行为会再次提升，又一次引起环境污染，导致博弈不断震荡反复发展。同样，站在第三方企业的角度而言也是如此。

环境污染第三方治理系统演化博弈过程的上述特点，使政府选择监管力度的强弱时更为困难，通过本节仿真分析已经看出不断提升惩罚力度并不能有效地抑制第三方企业与排污企业的违规行为。因此，作为政府来讲，除了控制第三方企业及排污企业的违规行为还可以选择控制博弈过程的波动性，并寻找到合适的监管力度，控制监管成本。

第三方企业守法概率

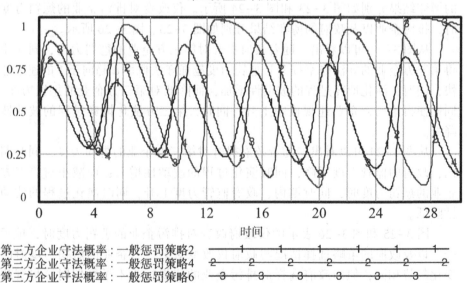

第三方企业守法概率：一般惩罚策略2	1——1——1——1——1——1
第三方企业守法概率：一般惩罚策略4	2——2——2——2——2——2
第三方企业守法概率：一般惩罚策略6	3——3——3——3——3——3
第三方企业守法概率：一般惩罚策略8	4——4——4——4——4——4

图3-23　一般惩罚情境下改变第三方企业惩罚力度对第三方企业策略选择的影响

政府监管概率

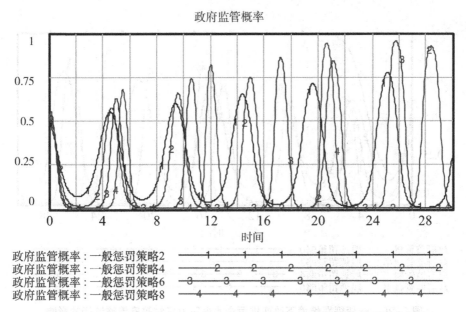

图 3-24　一般惩罚情境下改变第三方企业惩罚力度对政府策略选择的影响

排污企业守法概率

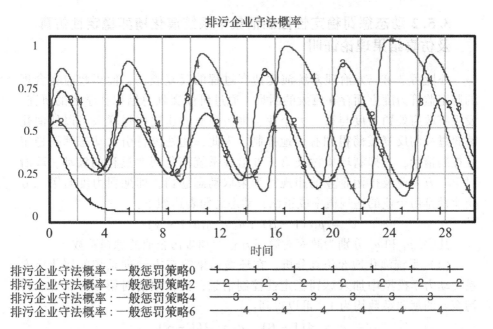

图 3-25　一般惩罚情境下改变排污企业惩罚力度对排污企业策略选择的影响

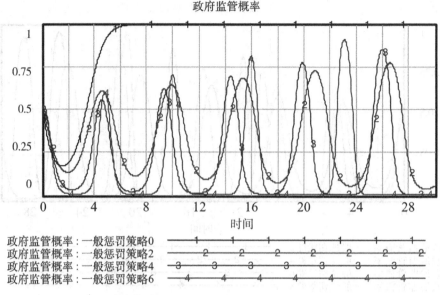

图3-26　一般惩罚情境下改变排污企业惩罚力度对政府策略选择的影响

3.5.2 动态惩罚稳定性控制情景下系统演化博弈稳定性仿真及仿真结果理论证明

环境污染第三方治理系统演化博弈过程的反复震荡，使得政府在合理的制定监管力度方面存在巨大的困难。通过研读文献总结以往学者的研究，发现将政府处罚力度与第三方企业、排污企业的违规率想联系可以使演化博弈过程的反复震荡得到有效地抑制。为此，此处也将引入动态惩罚稳定性控制情景，去抑制环境污染第三方治理系统演化博弈过程的波动。政府对第三方企业及排污企业的违规行为采取动态惩罚，即惩罚力度与第三方企业及排污企业的违规概率成正比，动态惩罚表达如下：

$$c_1 = p_1 c(1 - \beta) \text{ , } d_1 = q_1 d(1 - \gamma)$$

其中，p_1 和 q_1 分别为政府对第三方企业和排污企业的惩罚系数。

（1）系统演化博弈仿真分析。在环境污染第三方治理系统的演化博弈系统动力学模型中加入惩罚稳定性控制情景，假设政府对第三方企业、排污企业的惩罚系数均为1，可以得到：

$$c_1 = 4(1 - \beta) \text{ , } d_1 = 2(1 - \gamma)$$

将环境污染第三方治理系统演化博弈的初始策略设置为 $(\alpha, \beta, \gamma) = (0.5, 0.5, 0.5)$，对动态惩罚情境下环境污染第三方治理系统演化博弈进行仿真，得到动态惩罚策略1下的演化博弈状态，如图3-27所示。

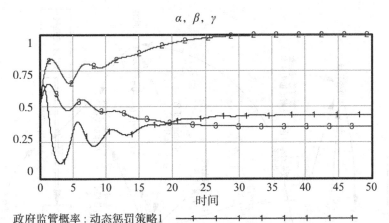

$\alpha,\ \beta,\ \gamma$

政府监管概率：动态惩罚策略1　————1—1—1—1—1—1—1—1—1—

第三方企业守法概率：动态惩罚策略1　——2—2—2—2—2—2—

排污企业守法概率：动态惩罚策略1　—3—3—3—3—3—3—3—

图 3-27　动态惩罚策略 1 ($\alpha = 0.5,\ \beta = 0.5,\ \gamma = 0.5$) 环境污染第三方治理系统演化博弈过程

环境污染第三方治理系统的演化博弈系统动力学模型调整为图 3-28。

通过图 3-27 可以看出，在动态惩罚情景 1 下，环境污染第三方治理系统演化博弈过程大致收敛于 $x^* = (0.44,\ 1,\ 0.35)$，这说明在动态惩罚情景 1 的状态下，环境污染第三方治理系统演化博弈过程的反复震荡得到有效抑制，演化博弈系统趋向稳定状态。接下来，将继续求证 x^* 究竟是不是演化稳定均衡解。我们考虑当三方博弈主体的初始策略为 $(\alpha,\ \beta,\ \gamma) = (0.3,\ 0.1,\ 0.2)$ 时的系统演化过程，动态惩罚策略 2 的仿真结果如图 3-28 所示。

通过图 3-29 可以看出，在动态惩罚情景 2 下，环境污染第三方治理系统演化博弈过程也大致收敛于 $x^* = (0.44,\ 1,\ 0.35)$，基于此，我们猜测 x^* 是环境污染第三方治理系统演化博弈的演化稳定均衡解。

对比初始策略为 $(\alpha,\ \beta,\ \gamma) = (0.9,\ 0.2,\ 0.1)$ 一般惩罚情景与动态惩罚情景 3 的演化过程，仿真对比图如图 3-30 所示。通过图 3-30 可以看出，一般惩罚情景下的演化过程存在反复震荡的现象，动态惩罚情景 3 的演化过程也收敛于 $x^* = (0.44,\ 1,\ 0.35)$，系统趋于稳定，存在演化均衡解 x^*。

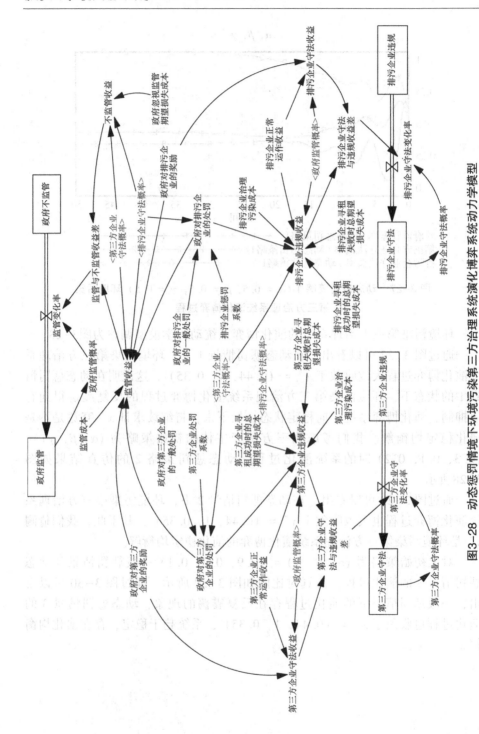

图3-28 动态惩罚情境下环境污染第三方治理系统演化博弈系统动力学模型

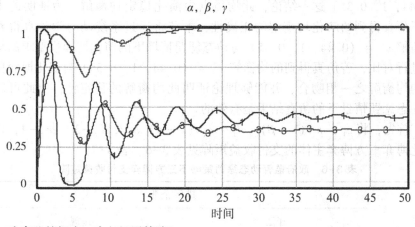

α, β, γ

政府监管概率：动态惩罚策略2　———1———1———1———1———1———1———1———1———
第三方企业守法概率：动态惩罚策略2　———2———2———2———2———2———2———
排污企业守法概率：动态惩罚策略2　———3———3———3———3———3———3———3———

图 3-29　动态惩罚策略 2（$\alpha = 0.3$，$\beta = 0.1$，$\gamma = 0.2$）环境污染
第三方治理系统演化博弈过程

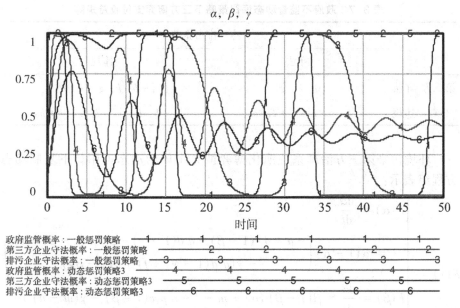

α, β, γ

政府监管概率：一般惩罚策略　————1————1————1————1————1————
第三方企业守法概率：一般惩罚策略　————2————2————2————2————2————
排污企业守法概率：一般惩罚策略　————3————3————3————3————3————
政府监管概率：动态惩罚策略3　————4————4————4————4————4————
第三方企业守法概率：动态惩罚策略3　————5————5————5————5————5————
排污企业守法概率：动态惩罚策略3　————6————6————6————6————6————

图 3-30　不同惩罚情境下（$\alpha = 0.9$，$\beta = 0.2$，$\gamma = 0.1$）环境污染
第三方治理系统演化博弈过程

（2）系统演化博弈稳定性仿真结果理论证明。通过对环境污染第三方
治理系统演化博弈的仿真分析，得出了演化博弈过程收敛于 $x^* =$

（0.44，1，0.35）这一结论，此均衡点为演化稳定均衡解。为证明此中状态下仿真得到的演化均衡解的正确性，本节将通过系统动力学仿真得到的均衡解 $x^* =$ （0.44，1，0.35）与动态惩罚情境下的演化博弈模型求的均衡解进行对比，若仿真得到的均衡解 $x^* =$ （0.44，1，0.35）与演化博弈模型求的均衡解之一相吻合，并能够理论证明此均衡解的稳定性，由此可以说明动态惩罚情景下的仿真结果是有效的。

首先，将 $c_1 = p_1 c(1 - \beta)$ ，$d_1 = q_1 d(1 - \gamma)$ 带入表3-3、表3-4，得到演化博弈三方博弈主体的支付收益矩阵见表3-6、表3-7。

表3-6　政府监管动态惩罚策略下三方博弈支付收益矩阵

		排污企业	
		守法	违规
第三方	守法	$\{-a - e - f, \ k + e, \ g + f\}$	$\{-a + d_1 - e, \ k + e, \ g - d_1 - j + h\}$
企业	违规	$\{-a + c_1 - f, k - c_1 - n + l, g + f\}$	$\{-a + c_1 + d_1, k - c_1 - m + l, g - d_1 - i + h\}$

表3-7　政府不监管动态惩罚策略下三方博弈支付收益矩阵

		排污企业	
		守法	违规
第三方	守法	$\{0, \ k, \ g\}$	$\{-b, \ k, \ g - j + h\}$
企业	违规	$\{-b, \ k - n + l, \ g\}$	$\{-b, \ k - m + l, \ g - i + h\}$

环境污染第三方治理系统演化博弈博弈主体的动态可用如下复制动态方程组表示：

$$
F(x) = \begin{cases} F(\alpha) = \dfrac{\mathrm{d}\alpha}{\mathrm{d}t} \\ \quad = \alpha(1 - \alpha)\begin{pmatrix} -a + p_1 c(1 - \beta) + q_1 d(1 - \gamma) - \beta(p_1 c(1 - \beta) + e) \\ - \gamma(q_1 d(1 - \gamma) + f) + b(1 - \beta\gamma) \end{pmatrix} \\ F(\beta) = \dfrac{\mathrm{d}\beta}{\mathrm{d}t} = \beta(1 - \beta)(\alpha e + m - l + \alpha p_1 c(1 - \beta) - \gamma(m - n)) \\ F(\gamma) = \dfrac{\mathrm{d}\gamma}{\mathrm{d}t} = \gamma(1 - \gamma)(\alpha f + i - h + \alpha q_1 d(1 - \gamma) - \beta(i - j)) \end{cases}
$$

$$(3.15)$$

将外部变量的初始值带入公式 3.15 中，得到环境污染第三方治理系统演化博弈复制动态方程如下：

$$F(x) = \begin{cases} F(\alpha) = \dfrac{\mathrm{d}\alpha}{\mathrm{d}t} = \alpha(1-\alpha)(10-10\beta-5\gamma+4\beta2+2\gamma2-7\beta\gamma) \\[2mm] F(\beta) = \dfrac{\mathrm{d}\beta}{\mathrm{d}t} = \beta(1-\beta)(6\alpha+0.5-4\alpha\beta-0.5\gamma) \\[2mm] F(\gamma) = \dfrac{\mathrm{d}\gamma}{\mathrm{d}t} = \gamma(1-\gamma)(3\alpha-2\alpha\gamma-\beta) \end{cases}$$

$$F(x) = \begin{cases} F(\alpha) = \dfrac{\mathrm{d}\alpha}{\mathrm{d}t} \\[2mm] F(\beta) = \dfrac{\mathrm{d}\beta}{\mathrm{d}t} \\[2mm] F(\gamma) = \dfrac{\mathrm{d}\gamma}{\mathrm{d}t} \end{cases} = 0,$$ 可解得环境污染第三方治理系统演化博弈复

制动态方程的所有的均衡解为：

$$x_1 = \begin{pmatrix} 0 \\ 0 \\ 0 \end{pmatrix}, \ x_2 = \begin{pmatrix} 0 \\ 0 \\ 1 \end{pmatrix}, \ x_3 = \begin{pmatrix} 0 \\ 1 \\ 0 \end{pmatrix}, \ x_4 = \begin{pmatrix} 0 \\ 1 \\ 1 \end{pmatrix}$$

$$x_5 = \begin{pmatrix} 1 \\ 0 \\ 0 \end{pmatrix}, \ x_6 = \begin{pmatrix} 1 \\ 0 \\ 1 \end{pmatrix}, \ x_7 = \begin{pmatrix} 1 \\ 1 \\ 0 \end{pmatrix}, \ x_8 = \begin{pmatrix} 1 \\ 1 \\ 1 \end{pmatrix}$$

$$x_{12} = \begin{pmatrix} \dfrac{2\sqrt{7}+3}{19} \\ 1 \\ 3-\sqrt{7} \end{pmatrix}, \ x_{13} = \begin{pmatrix} \dfrac{5-\sqrt{15}}{12} \\ \dfrac{5-\sqrt{15}}{4} \\ 0 \end{pmatrix}$$

可用雅克比（Jakobian）矩阵的的行列式 det_j 及 tr_j 的符号判断分析此系统动态均衡点的稳定性。

$$J = \begin{bmatrix} \dfrac{\partial F(\alpha)}{\partial \alpha} & \dfrac{\partial F(\alpha)}{\partial \beta} & \dfrac{\partial F(\alpha)}{\partial \gamma} \\[2mm] \dfrac{\partial F(\beta)}{\partial \alpha} & \dfrac{\partial F(\beta)}{\partial \beta} & \dfrac{\partial F(\beta)}{\partial \gamma} \\[2mm] \dfrac{\partial F(\gamma)}{\partial \alpha} & \dfrac{\partial F(\gamma)}{\partial \beta} & \dfrac{\partial F(\gamma)}{\partial \gamma} \end{bmatrix} = \begin{bmatrix} (1-2\alpha)\begin{pmatrix} 10-10\beta-5\gamma \\ +4\beta2+2\gamma2-7\beta\gamma \end{pmatrix} \\[2mm] \beta(1-\beta)(6-4\beta) \\[2mm] \gamma(1-\gamma)(3-2\gamma) \end{bmatrix}$$

$$\begin{bmatrix} \alpha(1-\alpha)(-10+4\beta-7\gamma) & & \alpha(1-\alpha)(-5+4\gamma-7\beta) \\ (1-2\beta)\begin{pmatrix} 6\alpha+0.5 \\ -4\alpha\beta-0.5\gamma \end{pmatrix}-4\alpha\beta(1-\beta) & & -\dfrac{1}{2}\beta(1-\beta) \\ -\gamma(1-\gamma) & & (1-2\gamma)(3\alpha-2\alpha\gamma-\beta)-2\alpha\gamma(1-\gamma) \end{bmatrix}$$

把均衡解 x_1 带入雅克比矩阵中，可得 $J_{x_1} = \begin{bmatrix} 10 & 0 & 0 \\ 0 & 0.5 & 0 \\ 0 & 0 & 0 \end{bmatrix}$，求得 J_{x_1} 的特征值：

$$\lambda_1 = 10, \lambda_2 = 0.5, \lambda_3 = 0$$

其中，所有的特征值均大于零，因此均衡解 x_1 不是演化稳定均衡解。通过计算可以解得 x_2—x_8 同样存在大于零的特征值，因此都不是演化稳定均衡解。

对于 $x_{12} = \left(\dfrac{1}{2\sqrt{7}-3}, 1, 3-\sqrt{7} \right)^T$ 其

$$J_{x_{12}} = \begin{bmatrix} 0 & -2.08562946 & -2.60293658 \\ 0 & -1.19566540 & 0 \\ 0.52419624 & -0.22875656 & -0.19965638 \end{bmatrix}$$

其特征矩阵为：

$$|\lambda e - J_{x_{12}}| = \begin{vmatrix} \lambda & -2.08562946 & -2.60293658 \\ 0 & \lambda+1.19566540 & 0 \\ 0.52419624 & -0.22875656 & \lambda+0.19965638 \end{vmatrix}$$

$$= (\lambda+1.19566540)[\lambda(\lambda+0.19965638)+2.60293658*0.52419624]$$

$$= (\lambda+1.19566540)(\lambda^2+0.19965638\lambda+1.36444957)$$

对 λ 求解可得：

$$\lambda_1 = -1.19566540, \lambda_{2,3} = \frac{-0.19965638 \pm \sqrt{-5.41793567}}{2}$$

$$= \frac{-0.19965638 \pm 2.32764594\mathrm{i}}{2}$$

λ 所有的特征值都为负实部特征值。

因此，均衡解 $x_{12} = \left(\dfrac{1}{2\sqrt{7}-3}, 1, 3-\sqrt{7} \right)^T \approx (0.436, 1, 0.354)T$ 是动态惩罚情景下环境污染第三方治理系统的演化稳定均衡解，这与系统动力学仿真得到的 $x* = (0.44, 1, 0.35)$ 的结果相同。

同理，当 $x_{13} = \left(\dfrac{5-\sqrt{15}}{12}, \dfrac{5-\sqrt{15}}{4}, 0 \right)^T$ 时，求得矩阵 $J_{x_{13}}$ 的特征值，

发现存在大于零的特征值，因此 x_{13} 不是演化稳定均衡解。

通过理论论证，运用系统动力学对环境污染第三方治理系统的演化博弈过程进行仿真是一种科学有效的方法。并且，通过动态惩罚策略的仿真我们发现，采取动态惩罚策略可以有效地抑制环境污染第三方治理系统演化博弈过程的反复震荡。在此状态下，演化博弈系统存在稳定均衡的状态。

3.5.3 动态惩罚稳定性控制情景下系统演化博弈稳定策略均衡影响变量分析与优化

（1）动态惩罚情形下 ESS 影响变量分析。在前两节虽然证明动态惩罚情景下存在演化稳定均衡策略且通过理论论证，但是依据存在的演化稳定均衡解 $x^* = (0.44, 1, 0.35)$ 可以看出，排污企业仍然存在较高的违规概率，约为 65%。因此本将将从政府的监管概率、政府对排污企业惩罚力度、排污企业违规收益三个方面对动态惩罚情景进行优化。

1）政府的监管力度。政府的监管力度越强，排污企业及第三方企业的违规概率越低。同样的，监管力度越强政府所要付出的监管成本就越高，容易造成政府资源的浪费。因此，政府在选择监管力度时存在一定的限制，如何利用有限的监管力度抑制第三方企业及排污企业的违规行为，维护社会利益不受侵害时政府监管的最终目的。

考虑政府、第三方企业、排污企业之间的初始策略选择为 $(\alpha = 0.3, \beta = 0.1, \gamma = 0.2)$，政府逐渐增强监管力度，其监管概率由 $\alpha = 0.3$ 调整为 $\alpha = 0.6$、$\alpha = 0.9$，仿真后将调整后策略与初始策略进行对比分析，第三方企业与排污企业的守法概率变化曲线分别如图 3-31、3-32 所示。

图 3-31 中的曲线 1、2、3 分别表示政府监管概率在 $\alpha = 0.3$、$\alpha = 0.6$、$\alpha = 0.9$ 的策略选择下，第三方企业依照法规政策、自身收益、排污标准等情况的策略选择过程。图 3-32 中的曲线 1、2、3 分别表示政府监管概率在 $\alpha = 0.3$、$\alpha = 0.6$、$\alpha = 0.9$ 的策略选择下，排污企业依照法规政策、自身收益等情况的策略选择过程。

从图 3-31 可以看出，政府监管力度的增大可以促使第三方企业增加守法概率，减少违规行为，更好地履行企业自身的社会责任，在同时期内，可以更有效地演进于 $\beta = 1$ 这一演化稳定状态。然而对于排污企业来讲，通过图 3-32 可以看出，政府监管力度的增大对抑制排污企业的违规行为没有太大的效果，虽然同期内排污企业守法概率会有一定的提升，但是排污企业的策略选择过程逐渐呈现波动现象，不论哪一监管力度下排污企业均不断演进于演化稳定均衡策略，也就是说加大政府监管力度对抑制排污企业违规行为没有产生效用。

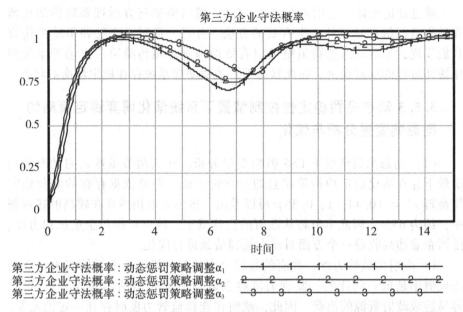

图3-31　动态惩罚情景下改变政府监管概率对第三方企业策略选择的影响

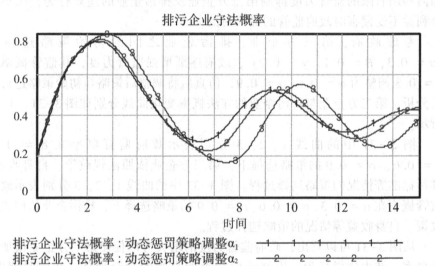

图3-32　动态惩罚情景下改变政府监管概率对排污企业策略选择的影响

2）政府对排污企业的惩罚力度。考虑政府、第三方企业、排污企业之间的初始策略选择为（$\alpha = 0.3$，$\beta = 0.1$，$\gamma = 0.2$），政府逐渐增强对第三方企业及排污企业的惩罚力度，第三方企业惩罚系数 p_1 及排污企业惩

系数 q_1 均由 1 调整为 2、3，仿真后将调整后策略与初始策略进行对比分析，第三方企业与排污企业的守法概率变化曲线分别如图 3-33、图 3-34 所示。

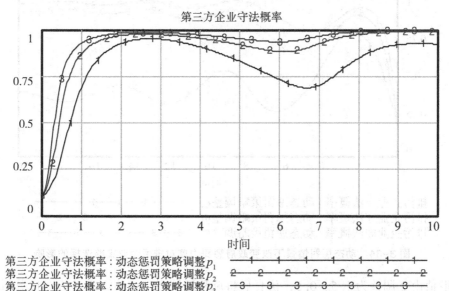

第三方企业守法概率

第三方企业守法概率：动态惩罚策略调整 p_1
第三方企业守法概率：动态惩罚策略调整 p_2
第三方企业守法概率：动态惩罚策略调整 p_3

图 3-33　动态惩罚情景下改变政府惩罚力度对第三方企业策略选择的影响

图 3-33 中的曲线 1、2、3 分别表示政府对第三方企业的惩罚系数在 p_1 = 1、p_1 = 2、p_1 = 3 的状态下，第三方企业依照法规政策、自身收益、排污标准等情况的策略选择过程。图 3-34 中的曲线 1、2、3 分别表示政府对排污企业的惩罚系数在 q_1 = 1、q_1 = 2、q_1 = 3 的状态下，排污企业依照法规政策、自身收益等情况的策略选择过程。

通过图 3-34 可以看出随着政府对第三方企业惩罚系数的增大，第三方企业在同期内的守法概率有效提升，并促使其更快的向 $\beta = 1$ 演进。可以看出，随着政府对排污企业惩罚系数的增大，排污企业在同期内的守法概率有效提升，减少违规行为，并且随着惩罚系数的不断增大，排污企业的演化稳定均衡解 γ 也在不断上升。因此，我们可以得出通过改变政府对排污企业的惩罚力度可以使得排污企业的违规行为得到有效抑制，降低违规概率，政府监管的有效性得到了很好的提升。

3）排污企业委托治污成本。在现有的环境污染第三方治理的市场下，由于市场机制还没有健全，有效的排污标准仍在制定，导致治污费用存在不可控性，当治污成本发生变化时，排污企业的演化策略变化是怎样的呢？我们考虑政府、第三方企业、排污企业之间的初始策略选择为 $(\alpha = 0.3, \beta = 0.1, \gamma = 0.2)$，改变排污企业委托治污的成本大小，$h$ 的

排污企业守法概率

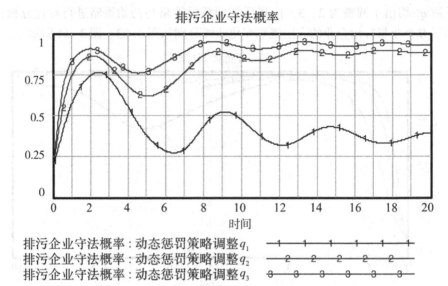

图 3-34　动态惩罚情景下改变政府惩罚力度对排污企业策略选择的影响

取值由 2 调整为 1.5、0.5，仿真后将调整后策略与初始策略进行对比分析，排污企业的守法概率变化曲线分别如图 3-35 所示。

排污企业守法概率

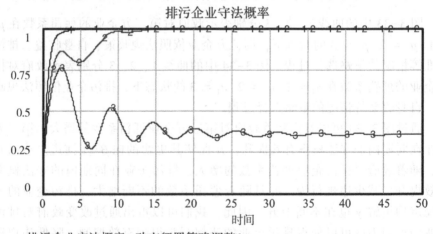

图 3-35　动态惩罚情景下改变排污企业治污成本对排污企业策略选择的影响

图 3-35 中的曲线 1、2、3 分别表示政府对第三方企业的惩罚系数在 $h_1 = 0.5$、$h_2 = 1.5$、$h_3 = 2$ 的状态下，排污企业依照法规政策、自身收益、排污标准等情况的策略选择过程。从图中可以看出如果排污企业治理污染

的成本越小，其选择守法的动机将会越大，当治污成本下降到一定区间时，排污企业的策略的演化稳定均衡解 γ 将不断向 $\gamma = 1$ 演进；而排污企业治理污染的成本较高时，排污企业选择违规的动机将大大增加，且演化稳定均衡策略解 γ 值也会越小。这一结论也说明了设置合理的排污标准，健全环境污染第三方治理的市场机制，加大排污企业遵守法规政策的概率，有利于政府收益的提升。

（2）控制情景优化研究。在实际的环境污染第三方治理的政府监管工作中，如何利用有限的监管概率最大化的降低第三方企业、排污企业的违规行为是环境污染第三方治理系统演化博弈的最终目的。因此，在上一节的基础上引入惩罚-激励控制情景，进一步优化演化博弈的控制情景。

对于第三方企业与排污企业，引入的优化惩罚控制情景由原动态惩罚情景和新加入项的动态惩罚组成。新加入项将政府监管概率以及第三方企业、排污企业违规行为时节省的污染治理成本 l、h 进行惩罚的追加，从而抑制第三方企业及排污企业的违规操作。对第三方企业及排污企业的优化惩罚表达如下：

$$c_2 = p_{21}c(1 - \beta) + p_{22}\frac{l}{\alpha}, \quad d_2 = q_{21}d(1 - \gamma) + q_{22}\frac{h}{\alpha}$$

其中，p_{21}、p_{22} 和 q_{21}、q_{22} 分别为政府对第三方企业和排污企业的惩罚系数。

为了更有效地抑制第三方企业与排污企业的违规行为，如偷排、不达标排放、相互寻租等行为，政府除了对两方的违规行为进行动态惩罚外，政府还应按照国家政策法规、排污标准等对第三方企业与排污企业进行动态的激励。政府对第三方企业及排污企业优化激励情景表达如下：

$$e_2 = s_2e\beta, \quad f_2 = t_2f\gamma$$

其中，s_2 和 t_2 分别为政府对第三方企业和排污企业的激励系数。

通过上述分析，为了最大化的抑制第三方企业与排污企业的违规行为，提升政府监管效率，本节提出了动态惩罚-激励稳定性控制优化情景。

3.5.4　优化动态惩罚-激励稳定性控制情景下系统演化博弈稳定性仿真

本节主要对上一节中所建立的优化动态惩罚-激励情景的系统演化过程进行仿真分析，并解释说明仿真结果。

（1）系统演化博弈仿真分析。在第四节的环境污染第三方治理系统的演化博弈系统动力学模型中加入优化惩罚-激励控制情景，假设政府对第三方企业、排污企业的优化动态惩罚-激励系数均为1，带入 c_2、d_2、e_2、f_2 中可以得到：

$$c_2 = 4(1 - \beta) + \frac{2}{\alpha}, \; d_2 = 2(1 - \gamma) + \frac{2}{\alpha}, \; e_2 = 2\beta, \; f_2 = \gamma$$

在此情境下，设置初始策略为 $(\alpha, \beta, \gamma) = (0.5, 0.5, 0.5)$，对环境污染第三方治理系统演化博弈模型进行仿真。得到优化动态惩罚-激励策略1下的演化博弈状态，如图 3-36 所示。

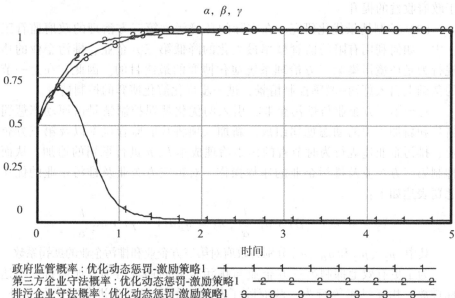

图 3-36　优化动态惩罚-激励策略 1 ($\alpha = 0.5$, $\beta = 0.5$, $\gamma = 0.5$)
环境污染第三方治理系统演化博弈过程

通过图 3-36 可以看出，在优化动态惩罚-激励策略1下，环境污染第三方治理系统演化博弈过程大致收敛于 $x^* = (0, 1, 1)$，这说明在优化动态惩罚-激励策略1的状态下，环境污染第三方治理系统演化博弈过程的反复震荡得到有效抑制，演化博弈系统趋向稳定状态，且演化结果的状态非常理想，达到我们的预期期望。

环境污染第三方治理系统的演化博弈系统动力学模型调整为图 3-37。

接下来，继续求证 x^* 究竟是不是演化稳定均衡解。我们考虑当三方博弈主体的初始策略为 $(\alpha, \beta, \gamma) = (0.3, 0.1, 0.2)$ 和 $(\alpha, \beta, \gamma) = (0.9, 0.2, 0.1)$ 时的系统演化过程，优化动态惩罚-激励策略2及优化动态惩罚-激励策略3的仿真结果如图 3-38 和图 3-39 所示。

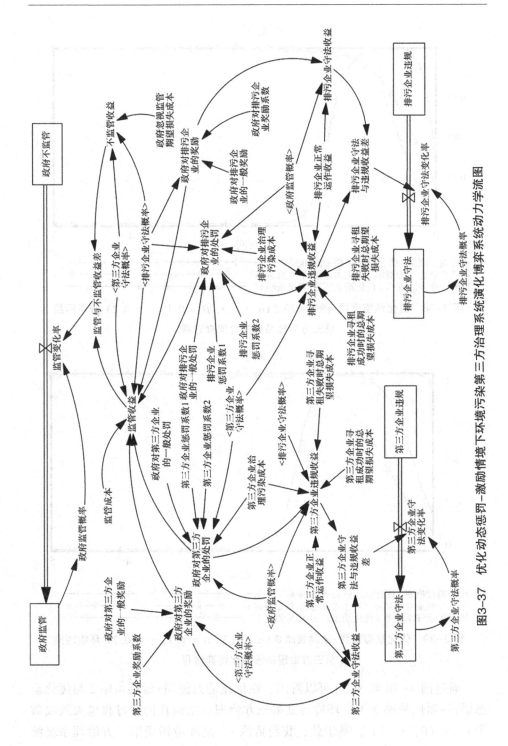

图3-37　优化动态惩罚-激励情境下环境污染第三方治理系统演化博弈系统动力学流图

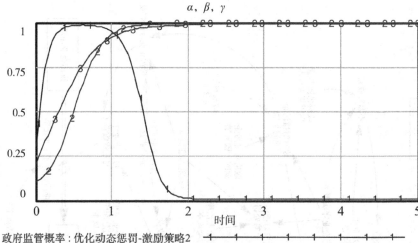

图 3-38 优化动态惩罚-激励策略 2（$\alpha = 0.3$，$\beta = 0.1$，$\gamma = 0.2$）环境污染
第三方治理系统演化博弈过程

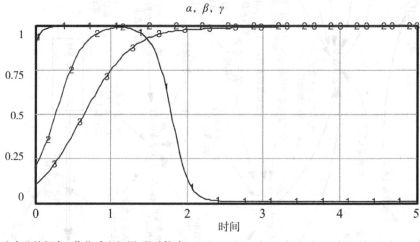

图 3-39 优化动态惩罚-激励策略 3（$\alpha = 0.3$，$\beta = 0.1$，$\gamma = 0.2$）环境污染
第三方治理系统演化博弈过程

通过图 3-38 和 3-39 可以看出，在优化动态惩罚-激励策略 2 与优化动态惩罚-激励策略 3 下，环境污染第三方治理系统演化博弈过程也大致收敛于 $x^* = (0, 1, 1)$，基于此，我们猜测 x^* 是环境污染第三方治理系统演

化博弈的演化稳定均衡解，并且此演化稳定均衡解使环境污染第三方治理系统演化博弈三方博弈主体的状态均符合预期，即政府以非常弱的监管力度对第三方企业和排污企业进行监管，同时第三方企业和排污企业都会严格遵守政府的各项规章政策以及相关法规和排放标准，环境第三方治理系统此时能够获得效益的最大化。

图 3-40 给出了在一般惩罚情景、动态惩罚情景以及优化动态惩罚-激励情景下，排污企业选择守法的概率变化走势。

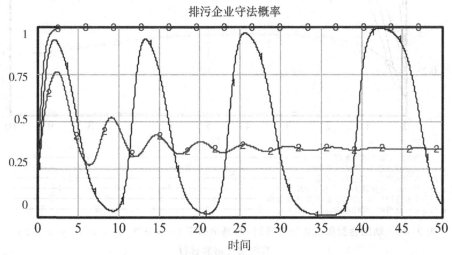

图 3-40　三种情景下 ($\alpha = 0.3$, $\beta = 0.1$, $\gamma = 0.2$) β 演化博弈过程

通过图 3-40 可以看出，初始策略相同的状况下，一般惩罚策略下排污企业的守法概率存在较大的震荡现象，而且无法收敛于某一固定值；在动态惩罚情景下其震荡现象得到了良好的抑制，并且收敛于 $\gamma = 0.35$ 这一固定点，到达了演化稳定均衡，但是此种稳定状态下排污企业仍然存在较高的违规行为，不是系统的理想状态；然而，在优化惩罚-激励情景下，排污企业的最优策略选择为守法，依照政府的规章制度、排污标准等进行生产运营。

图 3-41 给出了在动态惩罚情景以及优化动态惩罚-激励情景下，环境污染第三方治理系统的演化博弈过程仿真对比。对比仿真结果可以看出，动态惩罚情景下的系统虽然可以收敛于（0.44，1，0.35），存在稳定均衡状态。但是，此情况下的稳定均衡状态结果并不理想，排污企业依旧存在着很高的违规行为，且政府的监管因监管所付出的成本也较大；对于优化

动态惩罚-激励这一情境下，我们发现无论是政府还是第三方企业与排污企业，均到达了一个稳定均衡策略，政府在不监管的状态下，第三方企业及排污企业仍旧能够自觉遵循法律法规，做污染物的达标排放，使政府公信力与环境效益均得到了有力的保障，形成了一个良性系统。

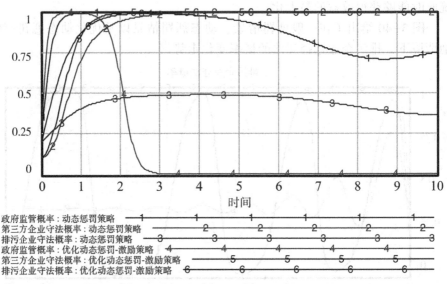

政府监管概率：动态惩罚策略
第三方企业守法概率：动态惩罚策略
排污企业守法概率：动态惩罚策略
政府监管概率：优化动态惩罚-激励策略
第三方企业守法概率：优化动态惩罚-激励策略
排污企业守法概率：优化动态惩罚-激励策略

图3-41　动态惩罚和优化动态惩罚-激励策略下（$\alpha = 0.3$，$\beta = 0.1$，$\gamma = 0.2$）
系统演化博弈过程

（2）系统演化博弈稳定性仿真结果理论证明。通过对环境污染第三方治理系统演化博弈的仿真分析，得出了动态优化惩罚-激励情景下演化博弈过程收敛于 $x^* = (0, 1, 1)$ 这一结论，此均衡点为演化稳定均衡解，并且是非常理想的状态。为证明此中状态下仿真得到的演化均衡解的正确性，本节前文中通过系统动力学仿真得到的均衡解 $x^* = (0, 1, 1)$ 与动态惩罚情境下的演化博弈模型求出的均衡解进行对比，若仿真得到的均衡解 x^* 与演化博弈模型求的均衡解之一相吻合，并能够理论证明此均衡解的稳定性，由此可以说明优化动态惩罚-激励情景下的仿真结果是有效的。

首先，将 $c_2 = 4(1 - \beta) + \dfrac{2}{\alpha}$，$d_2 = 2(1 - \gamma) + \dfrac{2}{\alpha}$，$e_2 = 2\beta$，$f_2 = \gamma$ 带入表3-3、表3-4，得到演化博弈三方博弈主体的支付收益矩阵见表3-8、表3-9。

表 3-8　政府监管下优化动态惩罚–激励策略三方博弈支付收益矩阵

		排污企业	
		守法	违规
第三方	守法	$\{-a-e_2-f_2,\ k+e_2,\ g+f_2\}$	$\{-a+d_2-e_2,\ k+e_2,\ g-d_2-j+h\}$
企业	违规	$\{-a+c_2-f_2, k-c_2-n+l, g+f_2\}$	$\{-a+c_2+d_2, k-c_2-m+l, g-d_2-i+h\}$

表 3-9　政府不监管优化动态惩罚–激励策略下三方博弈支付收益矩阵

		排污企业	
		守法	违规
第三方	守法	$\{0,\ k,\ g\}$	$\{-b,\ k,\ g-j+h\}$
企业	违规	$\{-b,\ k-n+l,\ g\}$	$\{-b,\ k-m+l,\ g-i+h\}$

环境污染第三方治理系统演化博弈博弈主体的动态可用如下复制动态方程组表示：

$$F(x)=\begin{cases}F(\alpha)=\dfrac{d\alpha}{dt}=\alpha(1-\alpha)\begin{pmatrix}-a+\left(4(1-\beta)+\dfrac{2}{\alpha}\right)+\left(2(1-\gamma)+\dfrac{2}{\alpha}\right)\\[2mm]-\beta\left(4(1-\beta)+\dfrac{2}{\alpha}+2\beta\right)\\[2mm]-\gamma\left(2(1-\gamma)+\dfrac{2}{\alpha}+\gamma\right)+b(1-\beta\gamma)\end{pmatrix}\\[10mm]F(\beta)=\dfrac{d\beta}{dt}=\beta(1-\beta)\left(2\alpha\beta+m-l+\alpha\left(4(1-\beta)+\dfrac{2}{\alpha}\right)-\gamma(m-n)\right)\\[5mm]F(\gamma)=\dfrac{d\gamma}{dt}=\gamma(1-\gamma)\left(\alpha\gamma+i-h+\alpha\left(2(1-\gamma)+\dfrac{2}{\alpha}\right)-\beta(i-j)\right)\end{cases}$$

$$(3.16)$$

令 $F(x)=\begin{cases}F(\alpha)=\dfrac{d\alpha}{dt}\\[2mm]F(\beta)=\dfrac{d\beta}{dt}\\[2mm]F(\gamma)=\dfrac{d\gamma}{dt}\end{cases}=0$，可解得环境污染第三方治理系统演化博

弈复制动态方程的所有的均衡解。由优化动态惩罚–激励情境下的仿真结果

得到的系统稳定收敛于 $x^* = (0, 1, 1)$，为方便分析，在此仅对 $x^* = (0, 1, 1)$ 进行稳定性分析。由于动态方程中存在 $\frac{2}{\alpha}$，因此 $\alpha \neq 0$，所以系统的演化结果应为 $x^* = (\alpha, 1, 1)$，其中 $\lim \alpha \rightarrow 0$，可得优化动态惩罚－激励情境下系统的雅克比（Jakobian）矩阵：

$$J = \begin{bmatrix} \dfrac{\partial F(\alpha)}{\partial \alpha} & \dfrac{\partial F(\alpha)}{\partial \beta} & \dfrac{\partial F(\alpha)}{\partial \gamma} \\[2mm] \dfrac{\partial F(\beta)}{\partial \alpha} & \dfrac{\partial F(\beta)}{\partial \beta} & \dfrac{\partial F(\beta)}{\partial \gamma} \\[2mm] \dfrac{\partial F(\gamma)}{\partial \alpha} & \dfrac{\partial F(\gamma)}{\partial \beta} & \dfrac{\partial F(\gamma)}{\partial \gamma} \end{bmatrix}$$

$$= \begin{bmatrix} 10\alpha - 7 & -2 - 2\alpha + 4\alpha2 & -2\alpha(1-\alpha) \\ 0 & -2\alpha - 1 & 0 \\ 0 & 0 & -\alpha - 1 \end{bmatrix}$$

求得 J 的特征值：

$$\lambda_1 = 10\alpha - 7, \lambda_2 = -2\alpha - 1, \lambda_3 = -\alpha - 1。$$

由于 $\lim \alpha \rightarrow 0$，所以所有的特征值都是负值，因此，$x^* = (\alpha, 1, 1)$ 是优化动态惩罚－激励情景下环境污染第三方治理系统的演化稳定均衡解，这与系统动力学仿真得到的 $x^* = (0, 1, 1)$ 的结果相同。

通过优化动态惩罚－激励策略的仿真及理论论证我们发现，采取优化动态惩罚－激励策略可以得到演化博弈系统存在稳定均衡的状态，且这一状态下第三方企业及排污企业的违规行为得到了有效的抑制。

3.6 结论和建议

多年来中国工业污染主要由排污企业自行解决并治理，难以建立有利于环境保护的自我约束机制，同时受经济实力和技术水平等因素制约，很难做到每个企业都有能力建立污染治理设施，从而确保环境污染治理措施有效运行。在此背景下，引入环境污染第三方治理模式。环境污染第三方治理能够降低排污企业的治污成本、第三方企业的运作成本（污染集中治理）以及政府的监管成本，达到促进节能环保产业的发展、排污的达标、污染治理效率的提高以及环境的日益改善。然而由于市场机制的不完善，如污染治理定价不合理、政府支持力度不足、责任划分不明显等，导致三方未按预期发展。本章选取环境污染第三方治理涉的三方，政府、第三方企业以及排污企业作为研究对象，考虑了三者之间的博弈关系以及收益情况，建立了环境污染第三方治理系统的演化博弈模型，通过系统动力学对模型的动态演化情况进行仿真，并设置了一般惩罚情景、动态惩罚情景和优化动态惩罚-激励情景，对不同情景下的演化情况及稳定性做出分析，最终求得理想的演化稳定均衡解。

（1）传统的博弈对于环境污染第三方治理系统中博弈主体的完全理性及信息对称这一假设与实际不符，并忽视了博弈过程的动态性。演化博弈中博弈主体通过突变、模仿、学习等过程完成博弈的动态性，并假定参与者为非完全理性群体，存在一定的信息不对称，能够避免传统博弈论的局限性。演化博弈的特征表明其更适合研究环境污染第三方治理的博弈问题。

（2）对于环境污染第三方治理的演化博弈的均衡解分析，可以通过雅克比矩阵的行列式与迹的符号进行判定，但计算量巨大，仅运用数学计算可能无法得到合理的结果，且难以制定博弈主体的策略选择。而系统动力学的研究能够从系统整体出发，在系统内部寻找和研究相关影响因素，注重系统的动态变化与因果影响，是一种定性定量相结合的模拟方式，能够在不完全信息状态下分析求解复杂问题，因此本文选择建立系统动力学的演化博弈模型利用系统仿真分析演化稳定策略的稳定性。

（3）对演化博弈的系统动力学模型进行纯策略、混合策略以及一般策略下的仿真，分析环境污染第三方治理系统演化博弈系统的稳定性。结果发现：环境污染第三方治理系统演化博弈系统不存在演化稳定均衡的状态，在演化博弈的过程中出现了上下波动，反复震荡等发展趋势。

（4）通过分析一般惩罚情景下的演化系统发现，当政府分别加大对第三方企业或者排污企业的惩罚力度时，在短期内可以得到十分显著的效果，即第三方企业或排污企业的守法概率不断上升，政府的公信力及其环境效益得到满足。但是，从长期的发展看来，无论是第三方企业还是排污企业选择违规的的概率存在很大的波动性，博弈过程的振幅不断增大，政府对博弈过程更加难以掌握。

（5）为控制第三方企业与排污企业的违规概率，针对无演化稳定均衡状态的情况，设置动态惩罚情景，即政府对第三方企业、排污企业的惩罚力度随着违法概率的增大而加强。通过动态惩罚情境下的仿真发现，采取动态惩罚策略可以有效地抑制环境污染第三方治理系统演化博弈过程的反复震荡，演化博弈系统存在稳定均衡的状态。但此稳定均衡状态并不理想，排污企业仍存在较高的违规概率。

（6）优化动态惩罚-激励情景是为解决动态惩罚情景下系统演化稳定均衡不理想的情况，通过分析动态惩罚情景下演化稳定均衡策略的影响因素优化得来的。对该情景进行仿真以及仿真结果理论论证，得出结果：采取优化动态惩罚-激励策略可以得到演化博弈系统存在稳定均衡的状态，且这一状态下第三方企业及排污企业的违规行为得到了有效地抑制。

参考文献

［1］ 国务院第十六次常务会议中国 21 世纪议程——中国 21 世纪人口、环境与发展白皮书［M］.北京：中国环境科学出版社，1994.

［2］ 国家环境保护总局 2014 年中国环境状况公报

［3］ 十八界三中全会.中共中央关于全面深化改革若干重大问题的决定［N］.人民日报，2013，15（1）.

［4］ Jr J F N. Equilibrium points in n-person games［J］. Proceedings of the National Academy ofSciences，1950，36（1）：48-49.

［5］ Nash，J. Non-cooperative Games，Annals of Mathematics，1951，54：286-295.

［6］ 杨林，高宏霞.基于经济视角下环境监管部门和厂商之间的博弈研究［J］.统计与决策，2012，21：51-55.

［7］ Weibul J W. Evolutionary game theory.［J］. Journal of the Royal Society Interface，1995，10（88）：158-158.

［8］ Fudenberg D，Tirole J. Game Theory［J］. Economica，1992，60（7）：841-846.

［9］ Shunichi Tsutsui，Kazuo Mino. Non-Linear Strategies in Dynamic Duopolistic Competition with Sticky Prices［J］. Journal of Economic Theory，1990，52：136-161.

［10］ Feichtinger G，Wirl F. A dynamic variant of the battle of the sexes［J］. International Journal of Game Theory，1993，22（4）：359-380.

［11］ Mäler K G. International Environmental Problems［J］. Oxford Review of Economic Policy，1990，6（1）：80-108.

［12］ Dockner E J，Long N V. International Pollution Control：Cooperative versus Noncooperative Strategies［J］. Journal of Environmental Economics & Management，1993，25（1）：13 - 29.

［13］ Barrett S. Self-Enforcing International Environmental Agreements［J］. Oxford Economic Papers，1994，46（2）：878-94.

［14］ Batabyal AA. Consistency and Optimality in a Dynamic Game of Pollution Control I：Competition［J］. Environmental & Resource Economics，1995，8（2）：205-220.

［15］ Batabyal A A. Consistency and optimality in a dynamic game of pollution control Ⅱ：Monopoly ［J］. Environmental & Resource Economics，1996，8 （3）：315-330.

［16］ Josephson J. A numerical analysis of the evolutionary stability of learning rules ［J］. Sse/efi Working Paper，2008，32 （5）：1569 - 1599.

［17］ Jørgensen S，Martín-Herrán G，Zaccour G. Agreeability and Time Consistency in Linear-State Differential Games ［J］. Journal of Optimization Theory & Applications，2003，119 （1）：49-63.

［18］ Harrington W. Enforcement Leverage when Penalties are restricted ［J］. Journal of Public Economics，1988，37：29-53.

［19］ Nyborg K，Telle K. Firms'Compliance to Environmental Regulation：Is There Really a Paradox？ ［J］. Environmental & Resource Economics，2006，35 （1）：1-18.

［20］ David G ，Bishnu S. The influence of consumers´ environmental beliefs and attitudes on energy saving behaviours ［J］. Energy Policy，2011，39 （12）：7684-7694.

［21］ 侯瑜，陈海宇. 基于完全信息静态博弈模型的最优排污费确定 ［J］. 南开经济研究，2013，01：121-128.

［22］ Kuzmics C. Stochastic evolutionary stability in extensive form games of perfect information ［J］. Games & Economic Behavior，2004，48 （2）：321-336.

［23］ 陶建格，薛惠锋，韩建新，等. 环境治理博弈复杂性与演化均衡稳定性分析 ［J］. 环境科学与技术，2009，32：89-93.

［24］ 马国顺，任荣. 环境污染治理的演化博弈分析 ［J］. 西北师范大学学报：自然科学版，2015，02：19-23.

［25］ 顾鹏，杜建国，金帅. 基于演化博弈的环境监管与排污企业治理行为研究 ［J］. 环境科学与技术，2013，36 （11）：186-192.

［26］ 姚引良，刘波，郭雪松，等. 地方政府网络治理形成与运行机制博弈仿真分析 ［J］. 中国软科学，2012，10：159-168.

［27］ 张伟，周根贵，曹柬. 政府监管模式与企业污染排放演化博弈分析 ［J］. 中国人口. 资源与环境，2014，3：108-113.

［28］ Forrester J W. Industrial dynamics：a major breakthrough for decision makers ［J］. Harvard Business Review，1958，36 （4）：37-66.

［29］ Kim Dong - Hwan，Kim DoaHoon. A system dynamics model for a mixed - strategy game between police and driver ［J］. System Dynamics Review，

1997, 13（1）：33-52.

[30] 骆建华. 环境污染第三方治理的发展及完善建议 [J]. 环境保护, 2014, 42（20）：16-19.

[31] 葛察忠, 程翠云, 董战峰. 环境污染第三方治理问题及发展思路探析 [J]. 环境保护, 2014, 20 期.

[32] 张全. 以第三方治理为方向加快推进环境治理机制改革 [J]. 环境保护, 2014, 42（20）：28-30.

[33] 谢海燕. 环境污染第三方治理实践及建议 [J]. 宏观经济管理, 2014 （12）：61-62+68.

[34] 王琪, 韩坤. 环境污染第三方治理中政企关系的协调 [J]. 中州学刊, 2015, 06：72-77.

[35] 原毅军, 耿殿贺. 环境政策传导机制与中国环保产业发展——基于政府、排污企业与环保企业的博弈研究 [J]. 中国工业经济, 2010, 10：65-74.

[36] 任维彤, 王一. 日本环境污染第三方治理的经验与启示 [J]. 环境保护, 2014, 42（20）：34-38.

[37] 范战平. 论我国环境污染第三方治理机制构建的困境及对策 [J]. 郑州大学学报（哲学社会科学版）, 2015, 02：41-44.

[38] 张宇庆. 论环境法上的强制缔约 [J]. 河北法学, 2015, 05：95-110.

[39] Dong Z, Wang L, Tian F. Research on Several Methods of Strengthening Quality Management of Third-party Environmental Monitoring Institutions [J]. Environmental Science and Management, 2014, 08：71-82.

[40] Chen Silu, Liu Cheng Kun, Iao Lai Leng, et al. The impact of learning effects of environmental management system on performance of renewable energy firms [J]. Environmental Progress and Sustainable Energy, 2015, 34：1106-1112.

[41] Laskurain I, Heras-Saizarbitoria I, Casadesús M. Fostering renewable energy sources by standards for environmental and energy management [J]. Renewable andSustainable Energy Reviews, 2015, 50：1148 - 1156.

[42] 郭朝先, 刘艳红, 杨晓琰, 等. 中国环保产业投融资问题与机制创新 [J]. 中国人口·资源与环境, 2015, 25（08）：92-99.

第4章 基于系统动力学模型的河南省能源消费可持续发展研究

4.1 研究背景和文献综述

4.1.1 研究背景

能源是人类生存和发展的重要物质基础，也是当今国际政治、经济、军事、外交关注的焦点。如何有效地生产和使用能源，保证经济的可持续发展和人类生存环境的不断改善，一直是世界各国决策者和研究者共同关心的热门话题。能源可持续是中国可持续发展的重要前提，在中国能源"十二五"规划编制中，已明确提出了"当前能源体系向可持续发展的现代体系过渡"的总体思路。因此明确能源可持续发展的概念内涵，科学评价能源可持续发展的状态、趋势是十分必要的。

河南省是新兴的工业大省，也是能源资源大省。河南省在能源消费协调发展方面体现在能源、经济、环境、人口四方面，各系统的协调发展是能源可持续发展目标达成的关键因素。

能源资源主要有煤炭、石油、煤气层、天然气、水电和新能源，其中，煤炭、石油为最主要能源资源。实施中部地区崛起战略以来，河南省经济发展取得极大进步，但同时面临着能源短缺、能源消耗大、经济结构不合理等问题。能源作为一种重要的生产要素，产量增加的重要动力。当前河南省"粗放式"的发展模式与"高耗能"的产业结构也同样决定了河南省经济增长依赖能源投入这一主要推力。在当经济增长时，必然会增加能源生产与开采方面的投资，经济增长也会拓宽能源的消费市场，从而增加了能源的消耗量。据河南省统计局的不完全统计，2006—2012 年河南省能源消费量均大于能源生产总量，能源现状呈现供不应求的问题。从某种程度上来讲，河南省的能源发展状况不容乐观。

化石能源的消耗是二氧化碳排放的主要源泉，分析河南省目前的能源结构，不难发现以煤炭与石油为主的化石能源占据了能源消耗总量的绝大部分，2006—2012 年河南省煤炭消耗占总能源消耗量的 85%。煤炭与石油皆为高碳排放能源，而长期以来河南省能源结构一直没有得到改善，随着能源消耗的增加，二氧化碳排放量必然也会随之增加。经济的迅速发展导致各种环境问题日益凸显。此外，煤炭、石油等排放污染物严重，使环境问题进一步加剧，环境污染和生态破坏已成为危害人们健康、制约经济和社会发展的重要因素。

河南省机动车保有量居全国前列，私家车的大量普及带来的直接环境问题有尾气污染加剧、能源日益短缺、噪声污染严重等，另外，与私家车有关的配套设施和基础设施的建设引起的间接环境问题也随之而来，如加剧城市热岛效应、洗车业造成的水污染和水浪费、停车场大量占用土地等。

根据系统工程的观点，处理复杂问题一定要注意从整体上加以把握，统筹考虑各方面因素。研究能源消费问题，不能仅局限于能源消费系统本身，经济、环境、人口等诸多因素不再是能源消费系统的外部环境，已经逐步转化为影响能源消费的重要因素，必须加以统筹考虑。系统动力学是一门研究信息反馈的科学，它可以把研究对象划分为若干子系统，并建立起各子系统之间的因果关系网络，立足于整体以及整体之间的关系进行研究。

基于上述考虑，本章以河南省为例，系统分析了能源消费需求与经济发展、环境保护和人口汽车保有量之间的关系，采用系统动力学方法，建立分析模型，对河南省能源消费需求进行分析，为区域能源发展战略的制定以及相关政策的选择提供理论参考依据。

4.1.2 文献综述

1. 能源消费研究综述

能源长期被认为是劳动、资本和土地等生产要素的一个中间变量，是原材料的一部分，并没有引起人们对能源问题的研究。直到20世纪70年代的石油危机，能源在经济增长中的重要作用才被经济学家逐步认识，相关的理论研究也随之拓展和深化，但研究的重点集中于能源与经济发展的关系问题。梅多斯等建立了预言世界资源将会耗竭的"世界末日模型"，首次对能源问题进行了系统研究。随后发生的石油危机引起了世界性的恐慌，在一定意义上证实了梅多斯等所得出的结论，各国政府和经济学家的注意力开始转移到能源问题。80年代之后，研究的重点转向如何提高能源利用效率和政府的公共政策如何影响能源的消费和使用。同时，资本、劳动对能源的替代对各国制定能源战略与政策有着重要的影响，逐渐成为国际能源经济研究的重点。90年代以后，学者们所关注的焦点从单一的能源问题转向多个重点领域，如能源环境、能源经济、能源技术和能源安全，包括能源消费结构问题。进入 21 世纪，随着国际能源形势的进一步恶化和低碳经济的兴起，新能源和可再生能源、能源结构调整等问题引起世界各国的高度重视，能源消费结构及其低碳化一类的课题引起越来越多学者的关注。

（1）能源与经济。亚阿曼尼亚（Subahmanya）（2006）利用回归分析的方法研究了印度两种类型的中小企业能源强度与经济发展的关系，认为能源强度较小的企业经济收益较高[1]。

张瑞（2006）等分析了产业结构对中国能源消费的影响，得出的结论是产业结构变动是影响能源消费的重要因素；不同时期，产业结构变动对能源消费的影响不同；第二产业能源消费占中国能源消费总量的很大部分，支柱性产业（如钢铁冶炼加工企业等）往往都是高能耗企业[2]。

杨宏林（2006）等研究了在有可再生能源投入的经济模型中消费路径的变化，讨论了效用贴现率、能源再生率和技术水平对消费路径的影响。结果表明，贴现率越小、能源再生率越大或技术水平越高，消费峰值越大，达到峰值的时间越长，消费路径越平缓，并为实现经济的可持续发展提出了相应的政策建议[3]。

后勇（2008）等以可再生能源在总能源消费中所占比例作为替代率，讨论了可再生能源替代问题在整体经济系统中的作用，建立了可再生能源替代的动态系统的数学模型，运用最优控制理论，在期望替代路径给定的条件下，求解再生替代能源产业理论的最优发展策略。根据实际数据，得出中国在 2020 年可实现再生能源发展规划的动态优化路径，使之在满足经济持续发展对能源需求的前提下，系统要素配置最优、化石能源使用量和 GHG 排放最少[4]。

陈首丽（2010）等从实证的角度对中国能源消费与经济增长的关系进行定量分析。研究其间的数量关系。研究结果表明，自改革开放以来，中国能源消费总量与经济总量间具有长期稳定的关系。中国经济增长表现出了对能源的显著依赖，能源是不可替代的、必要的要素投入[5]。

袁潮清（2011）等采用系统动力学模型对中国能源经济系统进行建模和仿真，仿真结果表明中国经济将保持较快增长，能源强度持续下降，但"十一五"节能降耗目标实现有一定困难，按照最近几年能源工业投入，2008 年后，能源工业产能可能会有一定的过剩[6]。

韩秀云（2012）针对中国部分新能源产业出现了一定程度的产能过剩，针对这一问题进行了深入探讨，发现导致这种瓶颈现象的因素既包括风电场建设与电网建设错配、电网配套能力不足、新能源价格未反应其正外部性、国外需求下降，也有中国新能源企业技术水平不高、各地政府在政绩驱动下对新能源过度投资等方面的原因[7]。

金艳鸣（2012）基于 2007 年全国社会核算矩阵，利用数量乘数模型与价格乘数模型分析了能源消费总量控制可能带来的能效改进、能源价格调整、限制能源供给等对生产部门以及居民收入的影响。研究结果表明，相比煤炭与成品油，电价调整对部门的生产成本和居民消费价格影响最大；各类能源品种的效率改进将不同程度地导致全社会能源需求增加，引起能源效率回弹效应；限制能源供给量将直接或间接导致上下游部门产出量减少，阻碍经济增长，降低居民收入[8]。

宋梅（2012）运用灰色关联模型，分析计算了各年度河南省能源消费与经济增长的关联度指标，并将关联度按大小进行排序，分析得出了各种能源资源对河南省经济增长的贡献程度。研究结果表明，煤炭、石油、天然气消费与经济增长的关联度较大，其中煤炭最大，而水电与河南省经济增长的关联度较低[9]。

（2）能源与环境。尼克·汉利（Nick D. Hanley）（2001）使用能源-环境-经济模型，指出如果能源的生产和消费被高效的利用，那么则会引起环境的恶化[10]。

斯米尔（Smil）（2005）考察了化石燃料以及水能、风能、太阳能和生物质能等替代燃料的利弊，认为世界在 21 世纪面临着能源需求模式不断变化、能源资源分布不均以及环境的限制所带来的严峻挑战，为此必须减少对化石燃料的依赖[11]。

白华（1999）、史丹等（2003）等从经济、能源、环境相互协调的可持续发展理念出发，运用基于能源、经济、环境协调的优化全球能源系统模型，对 21 世纪中国能源供求及 CO_2 减排对策进行了数值模拟，结论之一就是，对于重视经济、能源、环境三者协调的可持续发展的中国来说，最有效的对策便是节能，这里所说的节能是指通过提高最终需求部门的利用效率，提高能源转换效率等能源利用技术来实现的[12]-[13]。

杜慧滨（2005）先后从"生态-社会-经济"的角度，分析了区域能源-经济-环境复杂系统的组织特征，探讨了该复杂系统与外部环境之间、子系统之间以及子系统和外部环境之间的相互关系以及内部协调发展机制等[14]。

宋学锋（2006）等根据城市化与生态环境耦合内涵，在 ISM 和系统动力学方法的支持下，建立了江苏省城市化与生态环境系统动力学模型，并选取五种典型的耦合发展模式进行情景模拟。结果表明，在不同的模式下，该省城市化与生态环境耦合的结果和情景存在较大差异[15]。

中国大连理工大学和日本地球环境产业技术研究机构联合主办了以"经济、能源、环境"为主题的"21 世纪可持续发展国际学术研讨会"，会上探讨了经济、能源、环境相互协调的可持续发展战略，其中，刘则渊（2008）以经济、能源、环境协调发展理论为基础，阐述了建设可持续发展的生态城市问题[16]。

美国著名生态经济学家克里斯托弗·弗拉文（Christopher Flavin）（2008）在《Low-carbon Energy：ARoadmap》研究报告中对新能源产业发展的可行性进行了较为系统的分析，他指出：由于严重的生态危机，人类迫切需要改变能源需求结构，提高能源利用效率，发展无碳能源，设计新的能源体系[17]。

达格马斯（A. S. Dagoumas）、巴克（T. S. Barker）（2010）等将技术变革引入模型来研究能源-环境-经济体系，并提出一些策略来实现在降低二氧化碳排放率的情况下使经济得到增长[18]。

贾仁安（2011）等建立了区域双充分低碳生态能源经济循环农业系统工程典型模式和全乡四责任制低碳生态能源经济循环农业系统工程典型模式。通过猪粪尿沼气能源充分开发利用工程和养种反馈循环沼液资源开发生物链工程，分别建立了低排放、低污染、低能耗、高效率的沼气能源开发的沼气能源产品供应链和绿色无公害农产品供应链[19]。

（3）能源与人口。曾嵘（2000）等提出人口、资源、环境与经济的协调发展复杂系统的概念，阐述人口、资源、环境与经济的协调发展复杂系统的结构特征、各子系统之间内在协调机制及系统发展过程，对有效建立关于人口、资源、环境与经济的协调发展这一开放的复杂系统的规划与调控的综合集成模型具有重要意义[20]。

格里曼德（Grimand）和卢巨（Rouge）（2003）通过构建一个包含不可再生资源的新熊彼特模型，同时对计划经济下的社会计划者问题和分权经济条件下的市场均衡进行了分析，研究结论表明如果 R&D 产出足够有效，人均产出具有正的最优增长率是可能的，但该模型仅仅只考虑了一种中间产品的最简单模式[21]。

孙立成（2009）研究区域食物、能源、经济、环境、人口、系统的协调发展，研究结果表明经济子系统与环境子系统之间的稳态系数相对较高，而人口子系统与其他子系统协调共生的稳态系数则相对较低[22]。

李玮（2010）等对山西省能源消费系统及其相关子系统进行分析，构建系统动力学模型，采用 5 种不同发展模式分别对模型中节能技术、洗煤率、SO_2 排放系数等关键因子进行调控，实现对 2010—2020 年间 GDP 增长率、单位 GDP 能耗和 SO_2 排放总量的中长期预测，结果表明人口数量影响着经济发展、能源消耗和生态环境的改善[23]。

2. 研究述评

近年来随着中国经济的快速发展，能源消费系统可持续发展这一问题受到了越来越多的学者们的关注，已有的研究成果形成了以下几个特点：

（1）注重理论联系实际，在研究西方能源领域的成果基础上，结合中国能源现状，有针对性地提出能源消费系统的相关政策建议。西方学者对能源、经济、环境和人口研究成果对于中国当前能源、经济、环境和人口系统协调可持续发展的研究具有重要的参考价值。国内学者在关注西方理论界研究成果的同时，注意到中国在制度安排、政策环境以及发展阶段等方面与西方国家存在的差异，研究中注重从中国的国情出发，提出相关政策建议符合中国国情。

（2）普遍采用定性与定量相结合的研究方法。国内对能源、经济、环境和人口系统的研究已经采用了较多的数量方法，包括统计方法、计量方法、管理学方法等。这些方法的引入增强了研究成果的客观性，这也是近年来中国能源、经济、环境和人口研究领域不断取得重大进展的原因之一。

但是，当前研究仍有不足的地方：①国外对于能源的研究主要涉及石油危机、可持续发展、新能源、提高能源利用效率、技术变革等方面，并且研究时间比较早，值得借鉴。但是，国外学者大多只对其中一个方面进行研究，能源可持续发展涉及内容较多，应该多方面考虑。②国内学者大多采用计量经济学、模糊数学、博弈论、遗传算法等方法对能源、环境与经济问题进行研究，涉及方面比较单一。系统动力学适用于处理长期性和周期性的问题，对于建模中常遇到数据不足或某些数据难于量化的问题，系统动力学仍可根据各要素间的因果关系及有限的数据和一定的结构进行推算分析。这是系统动力学方法与其他方法相比所具有的特点。因此本文选用系统动力学的方法从整体上加以把握，统筹考虑能源消费问题的各方面因素。③在对环境系统和人口系统进行分析时，国内学者大多选取 SO_2 作为衡量环境污染问题的指标，很少选取与温室效应有关的 CO_2 指标来分析环境问题。在人口系统方面，大多学者研究的是人口的增长与死亡问题，很少有学者把人口系统与汽车保有量联系起来。

4.2 研究意义和技术路线

4.2.1 研究意义

河南省是新兴的工业大省，也是能源资源大省，其能源消费总量一直位于全国各省的前列，因此协调好河南省能源的可持续发展对中国优化能源消费有重要意义。目前，河南省出现能源供不应求、产业结构不合理、环境问题日益严重和人口规模快速膨胀的现象，能源、经济、环境和人口之间的关系日益密切，经济的增长和人口的发展要充分考虑能源和环境的承载力问题，在保证当代人发展需求的同时不能损害后代人的发展需求，因此，协调好四者之间的关系对人们的生活质量起着至关重要的作用。

本章综合运用系统动力学理论对河南省能源消费可持续发展系统进行定量分析，对能源、经济、环境、人口系统进行综合分析，通过仿真模拟对系统进行实证分析，对解决河南省能源消费情况有较强的参考价值，同时对其他各省市的能源问题也具有指导意义。最后，通过对研究结论具体分析，为河南省能源消费可持续发展提出针对性强、具有可行性的政策建议，对于实现中国能源消费的可持续发展、实现小康社会、缓解环境压力、建设和谐社会和生态文明都具有重要的现实意义，因此具有较强的现实意义和实用性。

4.2.2 技术路线

关键技术路线图如图 4-1 所示。

4.3 能源消费系统可持续发展模型的构建

4.3.1 河南省能源消费系统发展现状

河南省国土面积 16.7 万 km^2，居全国省区市第 17 位，约占全国总面积的 1.73%。位于中国中东部、黄河中下游，东接安徽、山东，北界河北、山西，西接陕西，南临湖北。地处中国中部，承东启西，古称天地之中，被视为中国之处而天下之枢。

河南蕴藏着丰富的矿产资源，是中国矿产资源大省之一。河南还是重要的能源基地，石油保有储量居全国第 8 位，煤炭居第 10 位，天然气居第 11 位。河南境内 1500 多条河流纵横交织，流域面积 $100km^2$ 以上的河流有 493 条。全省水资源总量 413 亿 m^3，居全国第 19 位。水资源人均占有量 $440m^3$，居全国第 22 位，水资源为全国的五分之一，世界的二十分之一。水力资源蕴藏量 490.5 万 KW，可供开发量 315KW。河南是中国重要的经济大省，2012 年国内生产总值位居全国第五位、中西部首位。铁路、高速公路、高速铁路通车总里程均居全国首位。从生态环境方面来看，河南省

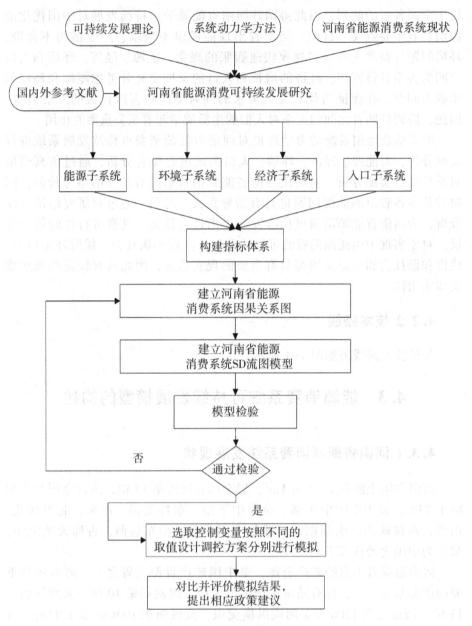

图 4-1 关键技术路线图

废气、废水、固废的排放大体呈现了下降的趋势，这说明通过环境保护制度的实施，控制污染排放的政策得到了较好的落实。从人口情况来看，河南省是中国人口数量最多的城市之一，且近年来，河南省人口呈现出总量大、人口密度不均、流动人口增长快等特点。下面将分别从能源、经济、环境、人口四方面更好地分析河南省现状。

1. 能源概况

河南省拥有相对丰富的常规能源，可探明的原煤、原油等能源资源储量较大。在能源生产上，主要以常规能源为主，其中，石油和煤炭等常规能源占能源生产总量的 90% 以上；在能源消费结构上，表现为消费相对单一，主要以原煤消费为主，原煤消费占比 85% 以上。

河南省是传统的农业大省和能源资源大省，也是新兴的工业大省。就能源资源禀赋来看，其中，煤炭、石油是其主要的能源资源，除此之外，还拥有数量可观的天然气、煤气层、水电等能源，河南省能源分布状况及供需状况见图 4-2。

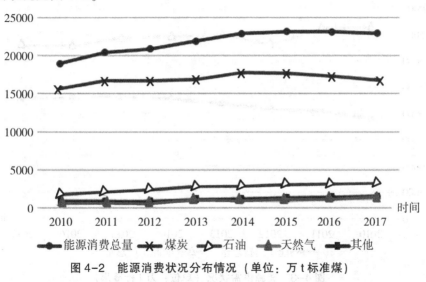

图 4-2　能源消费状况分布情况（单位：万 t 标准煤）

从图 4-2 可以看出，2017 年河南能源消费总量 22944 万 t 标准煤，其中，煤炭占 73.3%，石油占 14.1%，天然气占 5.9%，其他能源占 6.8%。河南煤炭能源消费量从 2010 年的 15702 万 t 标准煤上升到 2017 年的 16826 万 t 标准煤，年均增幅 1.39%，总体呈上升趋势。河南省石油能源消费量从 2010 年的 1763 万 t 标准煤上升到 2017 年的 3225 万 t 标准煤，年均增幅 12.84%，总体呈显著上升的趋势。河南省天然气能源消费量从 2010 年的 645 万 t 标准煤上升到 2017 年的 1342 万 t 标准煤，年均增幅 15.82%，总体呈上升的趋势。河南省其他能源消费量从 2010 年的 853 万 t 标准煤上升到 2017 年的 1549 万 t 标准煤，年均增幅 12.67%，总体呈上升的趋势。从以上分析中，可以看出水电和天然气能源的年均增幅比较快，石油能源消费量的年均增幅次之，煤炭能源消费量年均增幅最小。

从图4-3可以看出，2010年，能源生产与消费总量分别为17438万t标准煤和18964万t标准煤；2012年，河南能源生产总量为12224万t标准煤，而能源消总量为20920万t标准煤；2015年河南能源生产与消费总量分别为11232万t标准煤和23161万t标准煤；2017年，河南能源生产与消费总量分别为10091万t标准煤和22944万t标准煤。河南能源供给已完全不能满足河南能源消费需求。河南能源产业以煤炭、石油为主，这些都属不可再生能源，它们的储备量是非常有限的，这必然在未来会制约河南经济的发展。河南经济要保持可持续发展，需要有能源供给的保障。能源和劳动、资本一样，都是生产中不可缺少的重要变量。经济发展对能源的依赖程度会不断增大，经济增长的速度主要取决于能源供给的满足程度。

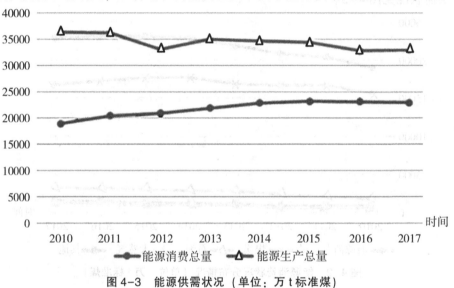

图4-3　能源供需状况（单位：万t标准煤）

2. 经济概况

河南是"中国粮仓""国人厨房"，是中国小麦、棉花、油料、烟叶等农产品的重要生产基地，小麦产量占全国的1/4、粮食产量占全国的1/9、油料产量占全国的1/7、牛肉产量占全国的1/7、棉花产量占全国的1/6。河南工业门类覆盖了国民经济行业的38个大类，2017年工业增加值2.11万亿元，全年规模以上工业中，五大主导产业增加值比2016年增长12.1%，占规模以上工业的比重44.6%；传统产业增长2.7%，占规模以上工业的44.2%；战略性新兴产业增长12.1%，占规模以上工业的12.1%；高技术产业增长16.8%，占规模以上工业的8.2%；高耗能工业增长3.2%，占规模以上工业的 32.7%。2017 年全省生产总值 44988.16 亿元，比上年增长 7.8%。其中，第一产业增加值 4339.49 亿元，增长 4.3%；第二产业增加值 21449.99 亿元，增长 7.3%；第三产业增加值 19198.68 亿元，增长 9.2%。三次产业结构为 9.6∶47.7∶42.7，第三产业增加值占生产总值的比重比上年提高 0.9%。人均生产总值 47130 元，比上年增长 7.4%。2017 年中国各省市区 GDP 前十强中，河南省 GDP 排名第五（图 4-4），河南省经济现状如图 4-5 所示。

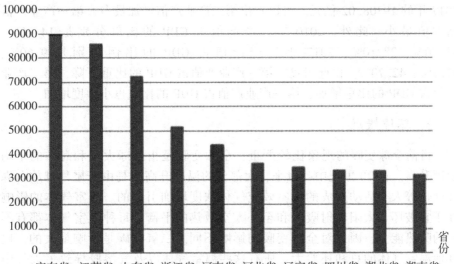

图 4-4　2012 年中国各省市区 GDP 排名（单位：亿元）

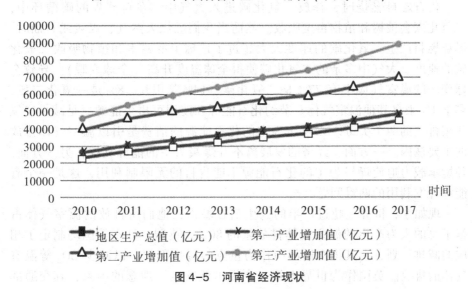

图 4-5　河南省经济现状

从图 4-5 可以看出，2010—2017 年河南省 GDP、第一产业产值、第二产业产值和第三产业产值都呈上升趋势。三产产值中，第二产业产值增长幅度最大，第三产业产值增长幅度次之，第一产业产值增长幅度最小。河南省 GDP 由 2010 年的 23092.36 亿元，增长到 2017 年的 44552.83 亿元，增加了 21460.47 亿元。第一产业产值由 2010 年的 3258.09 亿元增加到 2017 年的 4139.29 亿元。第二产业产值由 2010 年的 13226.38 亿元增加到 2017 年的 21105.52 亿元。第三产业产值由 2010 年的 6607.89 亿元增加到 2017 年的 19308.02 亿元。可以看出第二产业产值增加最多，第一产业产值增加值最小。此外，2010 年三产产值占 GDP 的比例分别是 14.20%、57.70%、28.10%，2017 年三产产值占 GDP 的比例分别是 9.60%、47.7%、42.70%。由此可见，第一产业产值占 GDP 的比重下降，第二产业产值占 GDP 的比重增加，第三产业产值占 GDP 的比重也小幅度增加。

3. 环境概况

目前全球变暖的现象比较严重，全球变暖是指地球大气和海洋的平均温度升高。自 20 世纪中叶以来，大部分的温度升高都是由于尾气排放和森林砍伐等人类活动造成的温室效应气体浓度增加引起的。温室气体的影响在于它破坏了太阳辐射吸收和至外太空散热的平衡。每种温室气体都有不同的吸热能力，因此对全球变暖的影响不同。二氧化碳是影响最大的，比其他温室气体的总和还要大。所有这些温室气体以及气溶胶导致了大气中多余热量的稳步累积。

化石燃料燃烧时，释放二氧化碳进入大气中。在自然界的碳循环中，二氧化碳会被树和植物再度吸收。然而当我们燃烧天然气、煤炭或石油时，燃烧燃料产生二氧化碳的速度大大超过了地球上的树木和植物吸收二氧化碳的速度。大气中多余的二氧化碳使得全球温度升高（全球变暖）。导致全球变暖的温室气体中有 77% 是二氧化碳、14% 是甲烷、8% 是一氧化二氮，剩下 1% 来自其他温室气体。节约化石能源和使用可再生能源，是减少二氧化碳排放的两个关键。以煤炭为主的化石能源的消费是引以温室气体排放的主要诱因。一方面，经济的发展离不开煤炭为主的能源支撑；另一方面，环境承载力迫使煤炭为主的化石能源不能盲目的无限制利用，这是一个有能源开发利用的两难问题。

现如今，世界上超过一半的人生活在城市，他们所排放的温室气体占据了总的人为产生的温室气体排放量的 80%。英国、日本等国均制定了相应的减排计划，尤其将交通部门作为重点的减排部门，以减少 CO_2 等温室气体的排放。英国作为世界上第一个提出低碳经济理念的国家，其交通部在 2007 年发布的《低碳交通创新战略》一文中又提出了今后实现低碳交通的各种低碳创新技术及政府政策方面的一系列导向措施，其中分别针对公路、航空、铁路、水运提出了近期可以实现的技术及未来的低碳交通技术的研究方向。

河南省工业的快速增长也使能源消耗迅速增长，尤其是煤炭的消耗大幅增加。在河南省历年的能源消费结构中，煤炭的占比始终在 85% 以上，这一比例远高于全国的平均值（近年来全国的能源消费构成中，煤炭的消费始终在 70% 左右），大量的燃煤也产生了大量的碳排放，这也成为了河南省近年来碳排放始终远远高于全国均值的客观因素。"十二五"期间根据国务院《"十二五"控制温室气体排放工作方案》的要求，河南省到 2015 年二氧化碳排放要比 2010 年下降 17%。由此可见，河南省在今后的发展中将面临较大的减排约束，经济快速增长的环境压力。

2017 年中国各省市区私家车保有量前十名，河南省排名第六（图 4-6）。

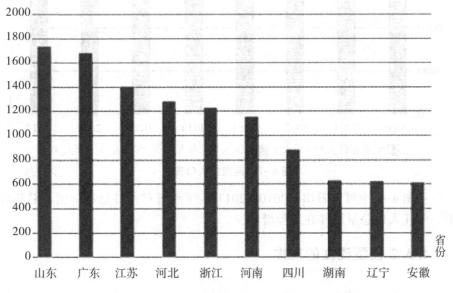

图 4-6　2017 年中国各省市区私家车保有量排名（单位：万辆）

从图 4-6 中可以看出，河南省私家车保有量位居全国前列，城市交通碳排放量将随着社会经济活动的不断增多、城市空间的日益扩张及汽车保有量的持续增长而快速增加。节能减排是中国作为负责任大国的义务，同时也是落实可持续科学发展观的需要，更为重要的是可以通过节能减排，转变中国能源结构，提高能源安全水平。城市交通在有效减少 CO_2 排放方面将有很大的发展空间。

4. 人口概况

河南省人口问题主要是人口总量大,人口分布不均,流动人口的大量涌入。人口规模的不断增长带来了更大生活用资源消耗,造成了对资源环境的巨大压力。2017 年末全省总人口为 10852.85 万人,比上年末增加64.71 万人。其中,常住人口为 9559.13 万人,比上年末增加 26.71 万人,其中城镇常住人口 4794.86 万人,常住人口城镇化率 50.16%,比上年末提高 1.66 个百分点。河南省人口状况如图 4-7 所示。

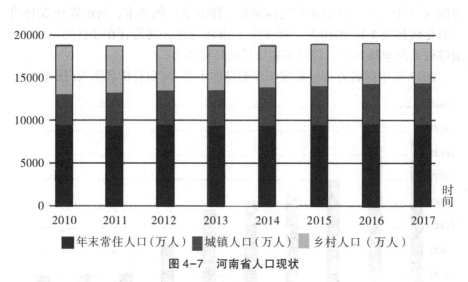

图 4-7　河南省人口现状

从图 4-7 中可以看出,2010—2017 年间河南省人口总量呈增长趋势发展,常住人口总量同样在逐步增加。

4.3.2 模型建立的前提

1. 建模目的

就能源消费系统动力学模型而言,建模的主要目的是:通过系统动力学知识及其专门软件——Vensim PLE 软件,对能源消费系统进行深入分析,从能源系统、经济系统、环境系统、人口系统等方面对能源消费系统进行因果分析,构建能源消费系统流图,从不同的角度衡量各影响因素对能源消费的影响。

(1)深入了解河南省能源、经济、环境、人口系统现状及其结构,探求能源与经济、能源与环境、能源与人口之间的内在定量关系，并以此对河南省的能源协调发展进行仿真，找出可持续发展的有效途径。

（2）结合河南省能源、经济、环境、人口特点，提出各种解决方案并进行政策模拟，发挥系统动力"政策实验室"的功能，为制定河南省能源可持续发展战略提供支持。

2. 确定系统边界

在对一个显示系统进行建模时，需要选择纳入到模型中的对象，但是由于现实系统的各种对象往往存在千丝万缕的关系，如果要尽可能地一一考虑，就会将许多并不那么重要的因素也纳入到模型中，而且会使得模型十分庞大。因此，在进行建模时，首先要做的就是对模型的边界进行界定，即要"有所为有所不为"。这样才能从问题出发，真正将关注点放在核心问题上，可以考虑忽略那些不那么重要的因素。

系统动力学建模过程中最首要的问题便是边界的确定，如果边界范围太大，则会使得建模过于复杂，且往往使最终建立的模型缺乏实用性，而如果模型的边界范围太小，则会使得最终建立的模型不能够准确地反映问题。而要确定模型的边界，则应当首先明确所要研究的问题，在本章中所要构建的模型与能源消费有关，而能源消费主要涉及能源、经济、环境、人口四个系统，故将模型的边界大体设定在这四个系统内。

系统动力学的研究对象一般都是从涉及范围大的社会系统中取出来研究的闭合系统。因此，系统边界确定是问题研究的重要部分，是确定系统影响因素的重要依据之一，系统内部要素构成是我们所要研究的对象，系统的行为取决于它的内部要素。本章研究的核心问题是能源消费系统，在该系统中应包括所有影响能源消费的重要因素，并且考虑外部因素对能源消费的影响，如图 4-8 所示。

图 4-8 系统边界

3. 指标体系的构建

（1）指标体系的选取原则。能源消费系统指标是在一定的原则基础上构造的，具体构造原则如下：

1）系统性原则：指标体系必须能够反映该地区可持续发展的各个方面。

2）动态性原则：指标体系应可反映河南省能源、经济、环境、人口系统之间的动态行为及发展趋势。

3）科学性原则：指标经济意义明确，测定方法标准，统计计算方法规范。

4）可操作性原则：考虑到指标的量化及数据采集难易程度、可靠性，尽量利用现有的、可查的统计资料和有关能源消费、经济发展、生态环境、人口状况的规范标准。

5）区域性原则：指标体系应可反映区域能源消费、经济发展、生态环境、人口状况之间关系的特点和阶段性。

（2）指标体系的选取。能源消费评价指标体系的构建是对河南省能源消费系统进行评价的基础。能源消费系统的可持续发展的最终目的便是为了实现能源、经济、环境、人口四个系统的协调发展，故相关指标分别从能源、经济、环境、人口四个系统中选取。

1）能源系统。能源结构是指地区能源消耗总量中煤炭、石油、天然气和水电等能源所占的比重，能源结构是度量地区能源安全与温室气体排放量的重要指标，如果某一地区能源结构中过分依赖于化石能源（主要指煤炭、石油、天然气等不可再生能源）则伴随着能源可采储量的下降，能源缺口将会日益增大，且不同化石能源的碳排放系数往往存在较大差距，如果某一地区能源结构中煤炭比重过高，则不利于该地区碳减排工作的进展。

能源是经济发展的主要动力，由于不同地区对于能源的依赖程度存在明显的差异，而这些因素只能通过总量指标得到，故本文选取煤炭能源、石油能源、天然气能源和水电能源的消耗程度进行度量。

2）经济系统。经济结构是影响碳排放的主要因素之一，河南既是传统的农业大省和人口大省，又是新兴的经济大省和工业大省。近年来，河南省以工业为主的产业结构是导致能源安全问题与二氧化碳过量排放的主要原因之一，本文使用第一产业所占比重、第二产业所占比重和第三产业所占比重反映河南省的经济结构。

在经济系统中本文选取 GDP、第一产业产值、第二产业产值和第三产业产值等指标。经济水平用以反映地区的经济实力，本文主要选取相对指标构建河南省能源消费经济的指标体系。

　　3）环境系统。伴随着人民生活水平的提高，人们的环保意识日益增强，环境治理则体现了各地区在面对日益恶化的生活环境时，政府所做作出的努力，本文选取私家车保有量和燃料消费类型表示河南省环境治理方面的力度与效果。

　　环境压力是指对环境造成破坏的人类活动，如果环境压力得不到有效缓解，则有可能导致自然生态系统的崩溃，本文选取二氧化碳排放量作为河南省环境压力测度指标。

　　4）人口系统。人口问题已经成为突显的社会问题。人口的增加一方面提供了劳动力的来源，劳动力的增加使得城市的人力资本上升。因此会带来产出的增加，即国内生产总值的增长。另一方面，经济的增长会带来环境污染问题，经济增长越快，环境污染越严重，废气的排放危害城市居民的身体健康，导致人口死亡率增加。人口系统主要选取出生率、死亡率和生态环境影响因子等指标。

　　构建的河南省能源消费系统指标体系见表4-1。

表4-1　河南省能源消费指标体系

序号	变量名称	变量类型	变量性质	序号	变量名称	变量类型	变量性质
	1	能源消费总量	状态变量	内生变量	9	天然气能源消费量比重	常量	外生变量
	2	能源消费变化量	速率变量	内生变量	10	水电能源消费量比重	常量	外生变量
能源	3	煤炭能源消费量	辅助变量	内生变量	11	煤炭能源消费年均增幅	常量	外生变量
	4	石油能源消费量	辅助变量	内生变量	12	石油能源消费年均增幅	常量	外生变量
	5	天然气能源消费量	辅助变量	内生变量	13	天然气能源消费年均增幅	常量	外生变量
	6	水电能源消费量	辅助变量	内生变量	14	水电能源消费年均增幅	常量	外生变量
	7	煤炭能源消费量比重	常量	外生变量	15	能源缺口	辅助变量	外生变量
	8	石油能源消费量比重	常量	外生变量	16	能源产出量	常量	外生变量
经济	17	GDP	状态变量	内生变量	27	第二产业亿元产值能耗	辅助变量	内生变量
	18	GDP增长量	速率变量	内生变量	28	第一产业亿元产值能耗	辅助变量	内生变量

序号	变量名称	变量类型	变量性质	序号	变量名称	变量类型	变量性质
	19	GDP 增长率	常量	外生变量	29	第三产业能耗	辅助变量	内生变量
	20	第三产业产值	辅助变量	内生变量	30	第二产业能耗	辅助变量	内生变量
	21	第二产业产值	辅助变量	内生变量	31	第一产业能耗	辅助变量	内生变量
经济	22	第一产业产值	辅助变量	内生变量	32	第三产业能耗系数	常量	外生变量
	23	第三产业产值系数	常量	外生变量	33	第二产业能耗系数	常量	外生变量
	24	第二产业产值系数	常量	外生变量	34	第一产业能耗系数	常量	外生变量
	25	第一产业产值系数	常量	外生变量	35	单位 GDP 能耗	辅助变量	外生变量
	26	第三产业亿元产值能耗	辅助变量	内生变量				

序号	变量名称	变量类型	变量性质	序号	变量名称	变量类型	变量性质
	36	二氧化碳累计排放量	状态变量	内生变量	49	原煤消费量	辅助变量	内生变量
	37	二氧化碳排放量	速率变量	内生变量	50	原油消费量	辅助变量	内生变量
环境	38	私家车保有量	辅助变量	内生变量	51	天然气消费量	辅助变量	内生变量
	39	私家车行驶里程	常量	外生变量	52	原煤碳排放量	辅助变量	内生变量
	40	私家车每公里燃料耗费量	常量	外生变量	53	原油碳排放量	辅助变量	内生变量
	41	私家车燃料消费量	常量	外生变量	54	天然气碳排放量	辅助变量	内生变量

序号	变量名称	变量类型	变量性质	序号	变量名称	变量类型	变量性质
	42	私家车能源消费量	辅助变量	内生变量	55	原煤折标系数	常量	外生变量
	43	私家车碳排放量	辅助变量	内生变量	56	原煤碳排放系数	常量	外生变量
	44	燃料折标系数	常量	外生变量	57	原油折标系数	常量	外生变量
环境	45	碳排放系数	常量	外生变量	58	原油碳排放系数	常量	外生变量
	46	私家车碳排放占二氧化碳排放量的比例	常量	外生变量	59	天然气折标系数	常量	外生变量
	47	私家车能源消费量占能源消费总量比	常量	外生变量	60	天然气碳排放系数	常量	外生变量
	48	GDP 排放强度	常量	外生变量				

序号	变量名称	变量类型	变量性质	序号	变量名称	变量类型	变量性质
61	人口总量	状态变量	内生变量	65	出生率	常量	外生变量
62	出生人口	速率变量	内生变量	66	死亡率	常量	外生变量
63	死亡人口	速率变量	内生变量	67	生态环境影响因子	常量	外生变量
64	划生育政策因子	常量	外生变量	68	人均能耗	辅助变量	外生变量

(左侧纵列标注：人口)

4. 合理假设

系统动力学是为了说明系统的演变趋势与系统结构的关系，而不是预测系统在未来的某个时刻会发生某件特定的事情，它所研究的系统多数是复杂的非线性系统，模型对真实系统是突出本质、简化内容的描述，只能反映真实世界的本质或者某个断面或者侧面。因此在建模时要找出系统的主导结构，加以提炼，而不是简单地复制实际系统。

对系统的维持和变化有重要影响的因素都要归在系统中，对那些未收集到可靠数据的因素，可根据系统的实际情况进行合理的猜测和估计，模型不只包含已被人们确定和认可的因素，还可以通过追加定义的方式，将未被定义的变量作为模型的重要因素。

基于系统动力学的研究方法，以及能源消费的特点，为保证研究的逻辑性和科学性，在进行研究之前，需给出假设：

模型中变量的取值范围均为该周期内的取值，与超出周期的取值没有连续性。例如，本研究周期内系统安全水平在某一时间到达设定的目标值，但在下一个研究周期内系统安全水平的起始值不一定是上一周期设定的目标值，可能要重新设定初始水平值。

4.3.3 能源消费系统模型的建立

1. 能源消费系统分析

根据系统的层次性，将能源消费系统分解为能源子系统、经济子系统、环境子系统、人口子系统四个子系统。能源消费系统协调发展要求各子系统间相互协调，要求建立可靠、安全、稳定的能源供应保障体系，同时，能源发展、经济发展、资源开发利用以及生态环境保护之间必须相互协调。四个子模型以能源消费协调发展理论为基础，同时结合河南省实际情况，对能源消费系统进行协调发展研究。在能源消费模型中，四个子系统相互联系、相互制约。每个子模型运行既取决于子模型的内部结构，又受到外部环境的影响。而对于子模型，外部影响主要来源于其他子模型的输出，这种输出是外部变量输入到本模型，从而改变内部变量值，并将其变动的情况反馈到其他的模型。

四个子系统的研究侧重点如下。

（1）能源系统：主要研究系统中的能源结构。分析河南省能源供需现状，煤炭、石油、天然气和水电能源的消费情况以及四种能源占能源消费总量的比重并详细分析这种能源消费结构现状对经济、环境、和人口等系统的影响，研究能源结构的变化对能源消费总量变化的影响。

（2）经济子系统：主要研究系统中产业结构的变化对能源消费状况的影响。分析三产产值以及三产能耗情况，重点探讨在能源消费和经济增长的均衡发展状况下实现更好发展的途径。

（3）环境子系统：主要研究能源结构的变化对 CO_2 排放的影响情况。通过改变煤炭、水电和天然气的消费量对模拟进行仿真分析，探讨不同能源结构对 CO_2 排放量的影响，并对河南省 CO_2 排放现状进行总结。

（4）人口子系统：主要研究通过控制私家车保有量和倡导私家车油改气政策分别对能源消费总量和 CO_2 排放量的影响状况。通过控制私家车保有量，在一定程度减少了私家车的能源使用量，进而减少 CO_2 排放量；通过倡导私家车油改气政策的实施，改变了私家车的能源消费结构，由于油和天然气的碳排放系数不同，进而减少了 CO_2 排放量。

能源消费的可持续发展包括以下几个方面的含义：

第一，能源消耗的增长需要在资源承载能力之内，也就是在发展能源的同时不会破坏可再生资源的再生能力，自然资源的基础可以得到维持和加强。

第二，发展能源对于环境的不利影响要在环境的承载能力之内，能源发展与环境保护协调并举，促进生态系统的良性循环。

第三，通过国家的产业政策、法律法规以及市场机制的作用，克服各子系统间的不利影响，促进其积极关系的发展，从而实现系统良性循环。

2. 因果关系图

系统动力学认为，系统的行为模式与特性主要取决于其内部的动态结构与反馈机制。本节在系统综合分析的基础上，确定系统的结构层次，结合能源消费系统自身的结构特点，在确定了各子系统的层次结构之后，建立能源消费系统的总体因果反馈回路图。

能源消费系统的因果关系反馈回路如图 4-9 所示。

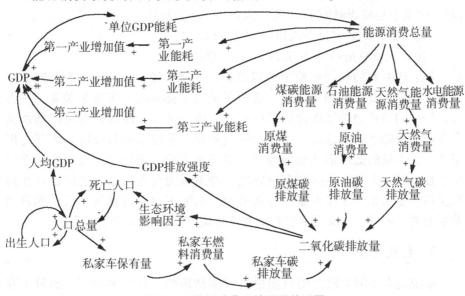

图 4-9　能源消费系统因果关系图

按照上述总体因果关系图，系统中主要的反馈回路依次表述如下：

（1）能源消费总量→⁺煤炭能源消费量→⁺原煤消费量→⁺原煤碳排放量→⁺二氧化碳排放量→⁺GDP 排放强度→⁺GDP →⁺单位 GDP 能耗→⁺能源消费总量

（2）能源消费总量→⁺石油能源消费量→⁺原油消费量→⁺原油碳排放量→⁺二氧化碳排放量→⁺GDP 排放强度→⁺GDP →⁺单位 GDP 能耗→⁺能源消费总量

（3）能源消费总量→⁺天然气能源消费量→⁺天然气消费量→⁺天然气碳排放量→⁺二氧化碳排放量→⁺GDP 排放强度→⁺GDP →⁺单位 GDP 能耗→⁺能源消费总量

（4）能源消费总量→⁺煤炭能源消费量→⁺原煤消费量→⁺原煤碳排放量→⁺二氧化碳排放量→⁺生态环境影响因子→⁺死亡人口→⁻人口总量→⁺人均 GDP →⁺GDP →+单位 GDP 能耗→⁺能源消费总量。

（5）GDP →⁺单位 GDP 能耗→⁺能源消费总量→⁺第一产业能耗→⁺第一产业增加值→⁺GDP。

（6）GDP →⁺单位 GDP 能耗→⁺能源消费总量→⁺第二产业能耗→⁺第一产业增加值→⁺GDP。

（7）GDP →⁺单位 GDP 能耗→⁺能源消费总量→⁺第三产业能耗→⁺第一产业增加值→+GDP。

（8）人口总量→⁺私家车碳排放量→⁺私家车燃料消费量→⁺二氧化碳排放量→⁺生态环境影响因子→⁺死亡人口→⁻人口总量。

（9）人口总量→⁺出生人口→⁺人口总量。

（10）人口总量→⁺死亡人口→⁻人口总量。

从上述主要的反馈回路中可以看出，能源、经济、环境、人口四个子系统之间存在复杂的因果关系。能源系统与经济系统互为因果关系，一方面，经济的增长会拉动能源消费的增加，另一方面，能源消费量的增加又会推动经济的增长，这是一条正的反馈回路。能源系统与环境系统互为因果关系，大量的能源消费会导致严重的环境污染，近年来，人们的环保意识增强，减少大气污染问题有待解决。能源系统与人口系统之间也存在因果关系，单从私家车保有量一方面来说，私家车的保有量与私家车燃料消费量有关，此外，私家车的燃料消费产生废气直接导致环境的污染。

3. 系统流图

系统动力学因果回路图只能描述反馈结构的一些基本方面，而对于存量、自变量、常量等属于不同性质的元素之间相互关系和相互作用表达则无能为力，这也是因果回路图的弱点。比如，对于状态变量而言，它是一个存量概念，是系统动力学中最重要的变量，但是因果回路图没有显现出来它的重要性。而在系统动力学流图模型中，状态变量和其他变量明显地不同，很容易区分。因此，在建立的能源消费系统因果回路图的基础上进一步建立了能源消费系统流图，如图4-10所示。

4. 参数估计

参数是描述总体特征的概括性数字度量，它是研究者想要了解总体的某种特征值。系统动力学的一个特点是，在模拟过程中，政策参数保持不变。因此，用这种方法预测指标发展趋势，近期预测值比较准确，远期预测与实际值相差较多。模型研究中涉及到众多参数，有些很难确定。因此，在模型调试中，参数选择应当与模型运行结合起来。本文建立的系统动力学模型就是通过模拟试验法来确定系统参数，在参数值的变化范围内先粗略地进行模型调试，模型若无显著变化，即确定了该参数值。

（1）直接确定法。在本文研究的能源消费系统动力学模型中，对于水平变量的初始值采用直接赋值的方法确定，如GDP初始值、人口总量初始值和能源消费总量初始值等。

（2）线性回归法。在对一些经济辅助变量进行赋值时，由于在现实情况下没有直接的数据来源，对于这些经济辅助变量根据其自然拟和的状态，

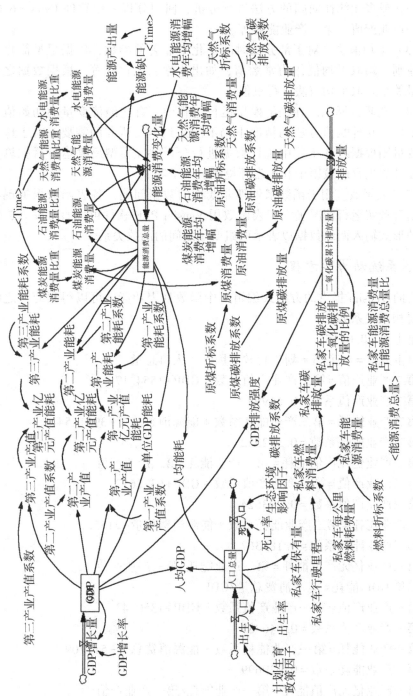

图 4-10 能源消费系统流图

采用一元或多元线性回归的方法进行分析，回归分析采用软件 Eviews 6.0，如第一产业产值、第一产业能耗等。

（3）平均值法。对于部分随时间变化不显著的参数，依据尽量简化模型的原则，均取平均值作为常数值，如出生率、死亡率等，根据数据之间的数量关系采取平均值法进行赋值。

（4）逻辑推断法。在经济模型运行过程中，有些经济变量的初始值在运用了以上几种赋值方法的情况下仍不能达到本文研究的需要，对于这些经济变量则根据统计年鉴中统计数据进行分析并经模型反复运行后推算确定，如计划生育政策因子和生态环境影响因子等。

（5）表函数。用表函数来处理非线性的数据问题，各表函数根据现实背景结合现实运行情况确定。表函数用 Vensim PLE 软件可以直接输入，即用表的形式输入两组数据以表示两组变量之间的函数关系。

5. 系统动力学方程

借助 Vensim 提供的方程式编辑器中函数列表功能，可以得到变量之间的主要相互关系如下：

出生率＝0.0115

出生人口＝出生率 * 划生育政策因子 * 人口总量

第二产业产值＝第二产业产值系数 * GDP－1554.17

第二产业产值系数＝0.66998

第二产业能耗＝第二产业能耗系数 * 能源消费总量＋3951.54

第二产业能耗系数＝0.592552

第二产业亿元产值能耗＝第二产业能耗/第二产业产值

第三产业产值＝第三产业产值系数 * GDP＋63.2612

第三产业产值系数＝0.293624

三产业能耗＝第三产业能耗系数 * 能源消费总量－2155.2

第三产业能耗系数＝0.188367

第三产业亿元产值能耗＝第三产业能耗/第三产业产值

单位 GDP 能耗＝能源消费总量/GDP

第一产业产值＝第一产业产值系数 * GDP＋1350.43

第一产业产值系数＝0.046383

第一产业能耗＝第一产业能耗系数 * 能源消费总量－51.709

第一产业能耗系数＝0.029699

第一产业亿元产值能耗＝第一产业能耗/第一产业产值

二氧化碳累计排放量＝INTEG（排放量，50000）

计划生育政策因子 = 1.2

煤炭能源消费量 = 煤炭能源消费量比重 * 能源消费总量

煤炭能源消费量比重 = withlookup(Time, ([(2006,0) - (2012,1)] , (2006, 0.874), (2007, 0.877), (2008, 0.872), (2009, 0.87), (2010, 0.843), (2011, 0.835), (2012, 0.802)))

煤炭能源消费年均增幅 = 0.0532475

排放量 = 天然气碳排放量 + 原煤碳排放量 + 原油碳排放量

能源产出量 = withlookup(Time, ([(2006,10000) - (2012,20000)], (2006,15002),(2007,14604),(2008,15487),(2009,17002), (2010, 18672), (2011, 18298), (2012, 12666)))

能源缺口 = 能源产出量 - 能源消费总量

能源消费变化量 = 煤炭能源消费量 * 煤炭能源消费年均增幅 + 石油能源消费量 * 石油能源消费年均增幅 + 天然气能源消费量 * 天然气能源消费年均增幅 + 水电能源消费量 * 水电能源消费年均增幅

能源消费总量 = integ (能源消费变化量，16234)

水电能源消费量 = 能源消费总量 * 水电能源消费量比重

水电能源消费量比重 = withlookup(Time, ([(2006,0) - (2012,1)], (2006, 0.021), (2007, 0.019), (2008, 0.022), (2009, 0.023), (2010, 0.037), (2011, 0.034), (2012, 0.053)))

水电能源消费年均增幅 = 0.268

石油能源消费量 = 能源消费总量 * 石油能源消费量比重

石油能源消费量比重 = withlookup(Time, ([(2006,0) - (2012,1)], (2006, 0.08), (2007, 0.079), (2008, 0.08), (2009, 0.079), (2010, 0.09), (2011, 0.098), (2012, 0.102)))

石油能源消费年均增幅 = 0.098

燃料折标系数 = 1.4286

私家车保有量 = withlookup(人口总量, ([(9000,0) - (11000,600)], (9820, 170), (9869, 209), (9918, 249), (9967, 307), (10437, 377), (10489, 463), (10543, 530)))

私家车每公里燃料耗费量 = 0.0584

私家车能源消费量 = 私家车燃料消费量 * 燃料折标系数

私家车能源消费量占能源消费总量比 = 私家车能源消费量 / 能源消费总量

私家车行驶里程 = 24000

私家车燃料消费量 = 私家车行驶里程 * 私家车每公里燃料耗费量 * 私家

车保有量/1000

私家车碳排放量=私家车燃料消费量＊碳排放系数＊44/12

$$私家车碳排放占二氧化碳排放量的比例=\frac{私家车碳排放量}{二氧化碳累计排放量}$$

死亡率=0.0065

死亡人口=死亡率＊人口总量＊生态环境影响因子

$$人均能耗=\frac{能源消费总量}{人口总量}$$

人均 GDP=GDP/人口总量＊10000

人口总量=INTEG（出生人口-死亡人口，9820）

生态环境影响因子=0.7

final time=2012

GDP=integ（GDP 增长量，12362.8）

GDP 排放强度=二氧化碳累计排放量/GDP

GDP 增长量=GDP＊GDP 增长率

GDP 增长率=0.12

碳排放系数=0.5825

天然气能源消费量=能源消费总量＊天然气能源消费量比重

天然气能源消费量比重 = WITHLOOKUP（Time,（[（2006,0）-（2012,0.1）]，

（2006，0.025），（2007，0.025），（2008，0.026），（2009，0.028），（2010，0.03），（2011，0.033），（2012，0.042）））

天然气能源消费年均增幅=0.177

天然气碳排放量=天然气碳排放系数＊天然气消费量＊44/12

天然气碳排放系数=0.4435

天然气消费量=天然气能源消费量/天然气折标系数

天然气折标系数=1.33

final time=2006

原煤碳排放量=原煤碳排放系数＊原煤消费量＊44/12

原煤碳排放系数=0.7476

原煤消费量=煤炭能源消费量/原煤折标系数

原煤折标系数=0.7143

原油碳排放量=原油碳排放系数＊原油消费量＊44/12

原油碳排放系数=0.5825

原油消费量=石油能源消费量/原油折标系数

原油折标系数 = 1.4286

saveper = timestep

timestep = 1

4.3.4 模型有效性检验

系统动力学模型检验的目的是验证所建模型与现实系统的吻合度，检验模型所获得信息与行为是否反映了实际系统的特征和变化规律。

现实的环境系统是十分复杂的，模型只是现实系统的抽象和近似，对于模拟的要求限于模型得到的解只是相对的满意解。构建的模型能否有效代表现实系统，直接决定了模型仿真和政策分析质量的高低。因此，必须对模型进行有效性验证。

系统动力学模型有效性检验方法可分为结构检验、运行检验、历史检验和灵敏度分析四种方法。

1. 结构检验

模型的结构检验主要是通过进一步分析资料，检验变量的设置、因果关系、流图和方程表述的合理性，防止模型不能够真实反映研究对象的实际情况。

在对河南省各系统建模前，对其能源、经济、环境、人口系统的状况进行了全面的分析，借鉴了其他相关的比较成熟的模型。反馈结构和方程均根据实际系统的特征来设定，遵循了实际规律。参数的确定主要是从多年的历史数据所得，一些不能够通过历史数据确定的参数值是通过大量查阅相关资料得到的，比较贴近实际系统的真实情况。因此，认为本模型与河南省能源、经济、环境、人口系统的结构相符合。

2. 运行检验

系统动力学要求对仿真步长不能敏感，由于现实中的能源消费系统影响因素较多并且关系复杂。因此，选取不同的仿真步长进行仿真分析，选取时间步长分别为一季度、半年、一年进行仿真，即 DT = 1、DT = 0.5、DT = 0.25。查看重要指标的仿真比较结果如图 4-11 至图 4-14 所示，从图中可以看出，采用不同的步长对系统进行仿真分析，能源消耗总量、GDP、二氧化碳累计排放量和人口总量均分别体现出相同的趋势，并且在数值上非常接近，这充分说明了模型对步长并不敏感、系统运行符合实际系统。

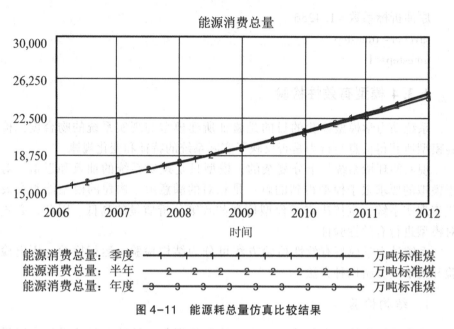

图 4-11　能源耗总量仿真比较结果

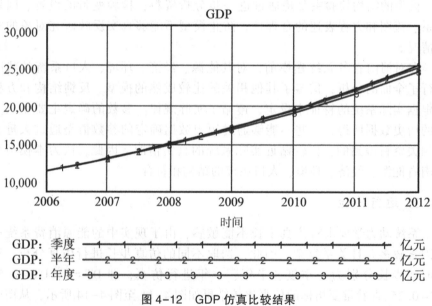

图 4-12　GDP 仿真比较结果

二氧化碳累计排放量

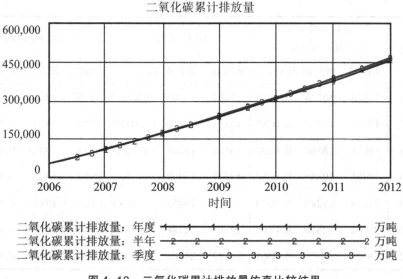

二氧化碳累计排放量：年度	万吨
二氧化碳累计排放量：半年	万吨
二氧化碳累计排放量：季度	万吨

图 4-13　二氧化碳累计排放量仿真比较结果

人口总量

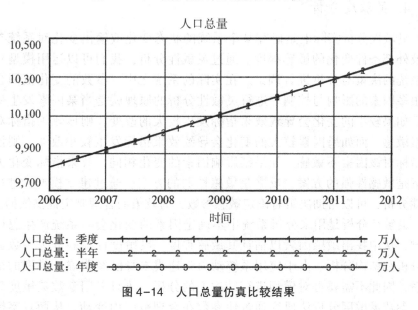

人口总量：季度	万人
人口总量：半年	万人
人口总量：年度	万人

图 4-14　人口总量仿真比较结果

3. 历史检验

选取历史若干阶段进行仿真分析，对比模拟结果与实际数值，判断模型的准确性。选取三个状态变量，即能源消耗总量、GDP 和人口总量进行检验。通过对比，见表 4-2，每年这三个量的预测误差都不超过 10%，有较好的预测效果。

表4-2 历史检验

年份	能源消耗总量/万 t 标准煤			GDP/亿元			人口总量/万人		
	实际值	仿真值	相对误差	实际值	仿真值	相对误差	实际值	仿真值	相对误差
2006	16234	16234	0.0000	12363	12363	0.0000	9820	9820	0.0000
2007	17838	17362	0.0267	14168	13846	-0.0227	9869	9911	0.0042
2008	18976	18560	0.0220	15883	15508	-0.0236	9918	10003	0.0085
2009	19751	19855	0.0052	17617	17369	-0.0141	9967	10095	0.0128
2010	21438	21248	0.0088	19819	19453	-0.0185	10437	10188	0.0238
2011	23061	22816	0.0106	22183	21788	-0.0178	10489	10283	0.0197
2012	23647	24501	0.0361	24423	24402	-0.0009	10543	10378	0.0157

4. 灵敏度分析

灵敏性分析实际上是研究某个系统的状态变化或输出变化对系统参数以及外部条件变化的敏感程度。通过灵敏性分析，我们可以运用模型对实际系统的决策与分析进行调试。在实际的系统之中，参数的变化范围会受到很多因素的影响与控制。进行灵敏性分析的原理就是当某因素发生变化时，如果较小的变化会导致效果指标发生较大的改变，则该效果指标对该因素敏感，而如果因素较大的变化会导致效果指标发生较小改变，则该效果指标对该因素不敏感。如果某影响因素的变化相同，效果指标变化大的方案是敏感性强的方案，反之是敏感性弱的方案。通过建立模型，进行敏感性分析，可以帮助决策者确定敏感参数，为政策的合理制定提供依据。

灵敏性分析是用来分析系统中不确定因素的变化会对系统产生怎样的影响，从中找出敏感因素以估计其敏感程度。灵敏度性检验分为参数灵敏性分析和结构分析。由于应用系统动力学建模本身已经明确了模型的结构关系，因此不需要再对模型进行结构上的分析，故只采用参数灵敏度分析法。参数灵敏度分析法研究通过使参数在合理范围内变动，从而观察模型会产生怎样的变动。

这里主要对模型中的常数参数值进行灵敏度分析，分别改变煤炭能源消费量比重、GDP 增长率、私人汽车保有量、计划生育政策因子等参数的变化量来测试系统的灵敏度。如图4-15 至图4-18 所示。

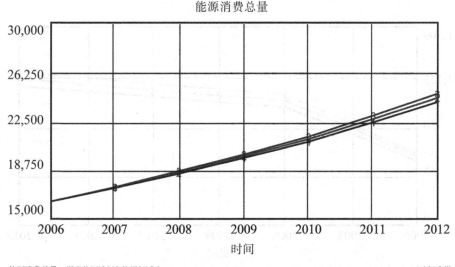

图 4-15 能源消费总量灵敏度分析

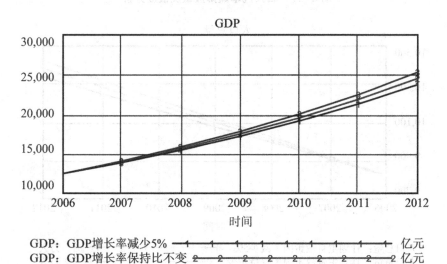

图 4-16 GDP 灵敏度分析

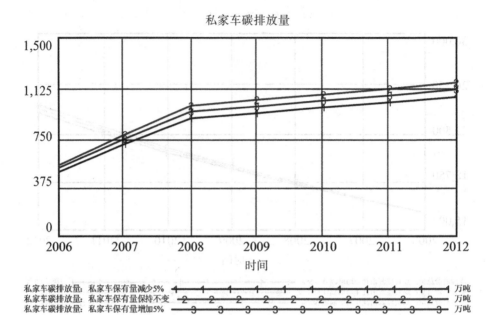

图4-17　私人汽车碳排放量灵敏度分析

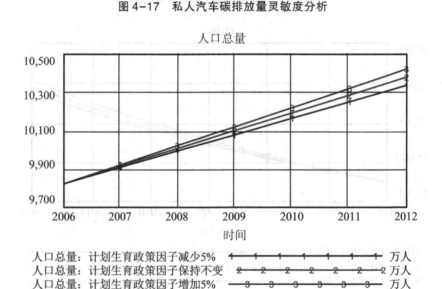

图4-18　人口总量灵敏度分析

　　从图中可以看出，改变煤炭能源消费量比重、GDP 增长率、私人汽车保有量、计划生育政策因子变量参数值后，模型的行为曲线在振幅大小上有所改变，但模型的行为变化趋势没有出现大的变动，对能源消费总量、GDP、私家车碳排放量、人口总量的灵敏度都在合理的范围之内。

4.4 能源消费系统流图模型的仿真与分析

能源消费系统是集能源、经济、环境和人口于一体的复杂系统，系统中的很多因素的变化会影响整个系统的发展。经济的快速发展依赖于能源的消耗，高耗能产业的扩张又会加重环境恶化，政府实施的政策调控会使系统内部不断完善，对能源、经济、环境和人口状况起到一定的积极作用，从而促使整个能源消费系统协调发展。

系统动力学模型具有变量预测和情景分析的双重作用，不仅能对所研究主要变量的发展趋势进行预测，还能通过改变模型中变量的值查看系统行为的变化情况，据此，可以为相关部门的决策制定提供参考依据。

情景分析法是通过改变模型中参数的变化模拟主要变量的变化趋势，即通过描述在不同的发展路线下各种变量的变化行为，分析各情景模式下各变量对能源消费可持续发展的影响，依据分析结果制定相关发展建议。

结合河南省能源发展现状和中国倡导的能源消费可持续发展政策，设置了以下 7 种情景。

（1）基准情景。基准情景是保持系统当前的发展政策不变，不改变模型参数的值，此情景用来作为仿真实验的对照。

（2）情景 1。在基准情景之上，能源消费总量不变的情况下，第一产业减速 5%，第三产业增速 5%。在此情景下讨论产业结构的变化对产值能耗变化的影响。

（3）情景 2。在基准情景之上，第二产业减速 5%，第三产业增速 5%。在此情景下讨论产业结构的变化对产值能耗变化的影响。

（4）情景 3。在基准情景之上，煤炭能源消费量减少 5%，水电能源消费量增速 5%。在此情景下讨论能源结构的变化对能源消费总量变化的影响。

（5）情景 4。在基准情景之上，煤炭能源消费量减少 5%，天然气能源消费量增速 5%。在此情景下讨论能源结构的变化对能源消费总量变化的影响。

（6）情景 5。在基准情景之上，私人汽车保有量减少 5%。在此情景下讨论私家车保有量的变化对私家车能源消费量和私家车碳排放量变化的影响。

（7）情景 6。在基准情景之上，倡导私家车油改气政策。在此情景下讨论油改气后私家车能源消费量和私家车碳排放量变化的影响。

研究对比以上 7 种情景，对系统动力学模型相关变量进行模拟研究，经过系统反复的调试和运行后，得到在不同方案下的系统运行情况。

4.4.1 能源系统仿真分析

在基准情景下，对煤炭能源消费量、石油能源消费量、天然气能源消费量、水电能源消费量、能源消费和产出情况进行分析，得到2006—2012年间能源消费量分布情况如图4-19所示，能源消费量和能源产出量的现状如图4-20所示。

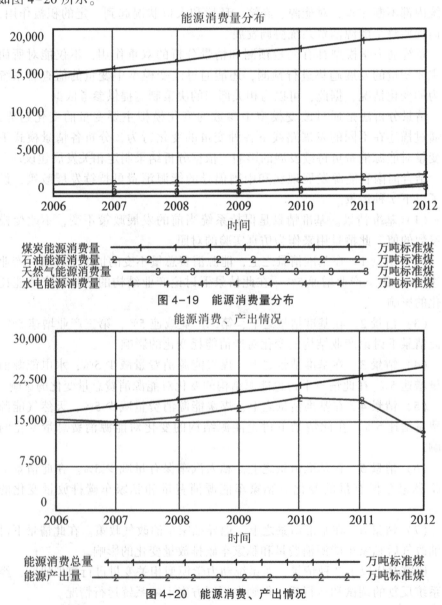

图4-19　能源消费量分布

图4-20　能源消费、产出情况

从图 4-19 中可以看出，2006—2012 年，煤炭能源消费量、石油能源消费量、天然气能源消费量和水电能源消费量占能源消费总量的平均比重分别是 85.3%、8.7%、0.3%、0.3%。由此可见，煤炭能源仍然是河南省能源消费的主要来源，天然气、水电等清洁能源的使用量相对较少，河南省在开发利用天然气、水电方面还有巨大的潜力。由计算可得，煤炭能源消费量年均增幅为 5.9%，石油能源消费量年均增幅为 9.8%，天然气能源消费量年均增幅为 17.7%，水电能源消费量年均增幅为 26.8%。从各能源消费量的年均增幅所占比重可以看出每年煤炭能源消费量、石油能源消费量、天然气能源消费量、水电能源消费量的增长相对稳定，且煤炭能源消费量的年均增幅较小，天然气、水电等清洁能源的年均增幅较大。可见虽然煤炭能源消费量是河南省能源消费的主要来源，但是每年对煤炭能源消费量的增长量正逐渐减少，为倡导节能减排等政策的有效实施，河南省正大力推进天然气、水电等清洁能源的使用。

从图 4-20 中可以看出，河南省的能源消费量正在以指数形式增长，说明河南省每年对于能源的消费量越来越多；而河南省能源总产出增长缓慢，2010 年开始能源产出甚至呈下降趋势。2006—2012 年河南省能源消费量均高于能源产出量，这就意味着随着河南省经济的迅速发展，本省的能源产出已经不能满足能源消费的需要，在一定程度上制约着河南经济的进一步发展。必须依靠增加能源购买量来满足河南省经济发展的需要，这说明河南省开始对于能源购买的依赖度越来越高。

4.4.2 经济系统仿真分析

在基准情景下，对三产产值、三产能耗和三产亿元产值能耗进行分析，得到 2006—2012 年间三产产值、三产能耗和三产亿元产值能耗的变化趋势，如图 4-21 至图 4-23 所示。

从图 4-21 中可以看出，三产产值在一定程度上呈递增趋势发展，第二产业产值最多，第三产业产值次之，第一产业产值最少。由计算可得，第一产业产值年均增幅为 7.5%，第二产业产值年均增幅为 19.1%，第三产业产值年均增幅为 15.9%。第二产业产值增长趋势较大，呈指数形式增长，第三产业产值增长速度也较快仅次于第二产业产值增长速度，第一产业产值增长趋势最小。选择 2006 年和 2012 年两个年份的统计数字，来看三产产值在国内生产总值中所占比重及其变化趋势。从 2006—2012 年，第一产业产值在国内生产总值中所占比重从 15.50% 下降到 10.13%，降幅为 34.65%；第二产业产值在国内生产总值中所占比重从 54.39% 上升为 60.65%，升幅为 11.50%；第三产业产值在国内生产总值中所占比重由

30.10%上升到37.50%，升幅为24.56%。由此可见，第三产业产值占国内生产总值的比重增长幅度最大，第二产业产值占国内生产总值的比重增幅次之，第一产业产值占国内生产总值的比重正明显下降趋势，说明河南省第三产业发展比较迅速。

从图4-22中可以看出，三产能耗都呈递增趋势发展；第二产业能耗最多，第三产业能耗次之，第一产业能耗最少。第二产业能耗增长趋势较为较大，第三产业能耗增长趋势缓和，第一产业能耗增长趋势最小。选择2006年和2012年两个年份的统计数字，来看三产产业能源消费量在能源消费总量中所占比重及其变化趋势。从2006—2012年，第一产业能源消费量在能源消费总量中所占比重从2.98%下降到2.5%，降幅为15.97%；第二产业能源消费量在能源消费总量中所占比重从80.40%下降到74.24%，降幅是7.66%；第三产业能源消费量在能源消费总量中所占比重从6.78%上升到10.36%，升幅为52.74%。由于河南省第三产业发展比较迅速，第三产业能源消费量在能源消费总量中的比重也开始增大。

从图4-23中可以看出，第一、二、三产亿元产值能耗均稳定发展。第二产业亿元产值能耗呈下降趋势发展，第一产业亿元产值能耗和第三产业亿元产值能耗呈递增趋势发展。

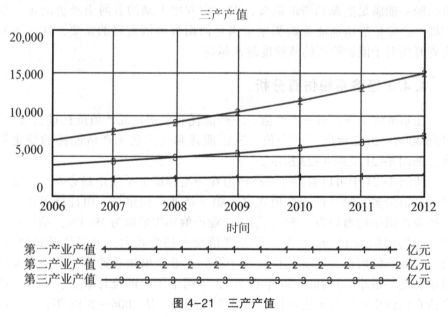

图 4-21　三产产值

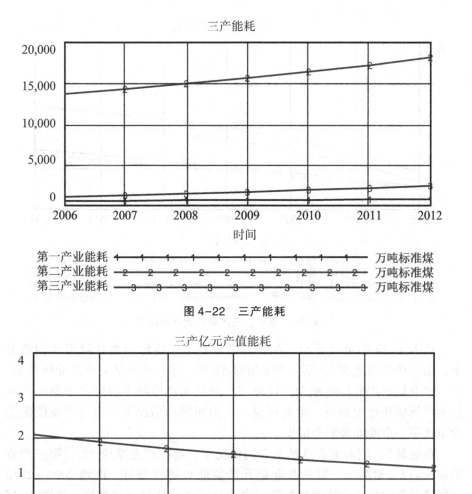

图 4-22　三产能耗

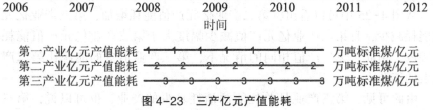

图 4-23　三产亿元产值能耗

在情景 1，能源消费总量不变的情况下，第一产业减速 5%，第三产业增速 5%，对第一、第三产业亿元产值能耗进行分析，得到 2006—2012 年间第一产业亿元产值能耗和第三产业亿元产值能耗变化情况，如图 4-24 所示。

第一、三产业亿元产值能耗

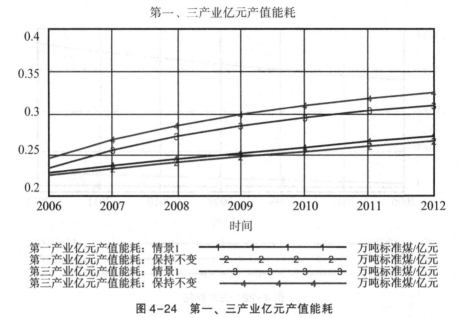

图4-24　第一、三产业亿元产值能耗

从图4-24中可以看出，在基准情景之上，能源消费总量不变的情况下，第一产业减速5%，第三产业增速5%时，第一产业亿元产值能耗增加，第三产业亿元产值能耗减少，且第三产业亿元产值减少幅度大于第一产业亿元产值能耗增加幅度。由此可见，产值相同的情况下，第三产业能源消费量比第一产业能源消费量少。

在情景2，能源消费总量不变的情况下，第二产业减速5%，第三产业增速5%时，对第二、第三产业亿元产值能耗进行分析，得到2006—2012年间第二产业亿元产值能耗和第三产业亿元产值能耗变化趋势，如图4-25所示。

从图4-25中可以看出，第二产业亿元产值能耗增加，第三产业亿元产值能耗减少，且第二产业亿元产值减少幅度大于第三产业亿元产值能耗增加幅度。由此可见，产值相同的情况下，第三产业消费的能源比第二产业消费的能源少。

由此可见，第三产业是单位能源消耗较少的产业，也可以说，第三产业是最有利于节约能源的产业。从三次产业亿元产值能耗来说，第三产业是能源消耗较少的产业。河南省第二产业单位产值能耗明显高于第一产业和第三产业，第三产业单位产值能耗又略高于第一产业。但是第三产业与第一产业单位能耗的差距远低于第二产业与第一、第三产业单位能耗的差距。所以，同第二产业相比，第三产业和第一产业都属于单位能源消耗较少的产业。由于河南省第三产业发展潜力很大，从全国经济整体角度说，第三产业节约能源的作用要优于第一产业。

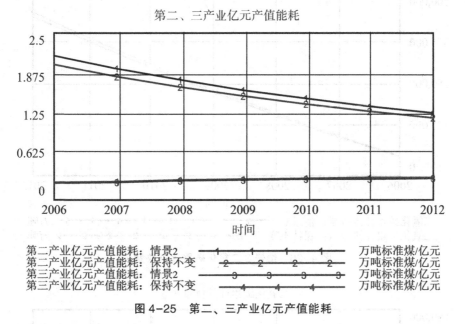

图 4-25　第二、三产业亿元产值能耗

4.4.3 环境系统仿真分析

在情景 3 下，煤炭能源消费量减少 5%，水电能源消费量增速 5%。在此情景下讨论能源结构的变化对二氧化碳累计排放量变化的影响，如图 4-26 所示。

从图 4-26 中可以看出，在情景 3，二氧化碳的累计排放量在一定程度上有所减少。由此可见，水电能源的使用能减少二氧化碳的排放。

在情景 4 下，煤炭能源消费量减少 5%，天然气能源消费量增速 5%。在此情景下讨论能源结构的变化对二氧化碳累计排放量的变化影响，如图 4-27 所示。

从图 4-27 中可以看出，在情景 4，二氧化碳的累计排放量在一定程度上有所减少。由此可见，清洁能源天然气的使用能减少二氧化碳的排放。这是因为原煤、原油、天然气和水电碳排放系数分别为 0.7476、0.5825、0.4435、0，所以使用能源相同量的情况下，天然气和水电排放的二氧化碳比煤和石油排放的二氧化碳要少。

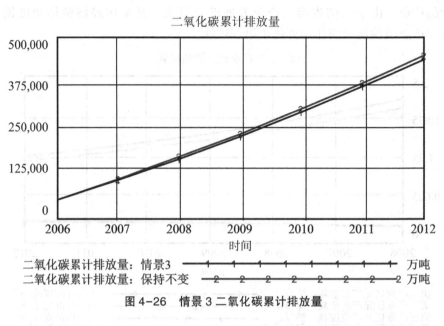

图4-26　情景3二氧化碳累计排放量

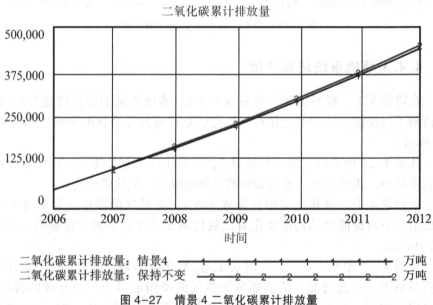

图4-27　情景4二氧化碳累计排放量

从图4-28和图4-29中可以看出，2006—2012年间，二氧化碳的累计排放量不是以线性发展趋势增长，而是逐渐以指数形式在增长。这种现象表明，河南省每年的二氧化碳排放量的增速要大于治理量的增速，每年在自然环境中积累越来越多的二氧化碳。近年来，虽然政府加大了环境污染治理投资，但是由于治理不完善等原因，二氧化碳的治理量始终小于排放量，大气环境中的二氧化碳就会越来越多，从而导致温室效应等一系列的环境问题。如果能源的开发和经济的增长忽略了环境的承载力，那么能源消费系统的发展就是不科学、不协调的。

私家车能源消费量

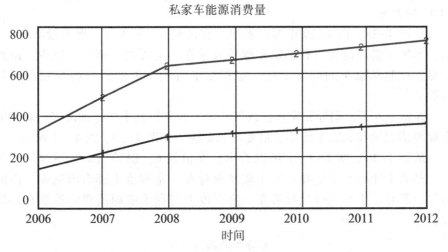

图 4-28　情景 5 私家车能源消费量

私家车碳排放量

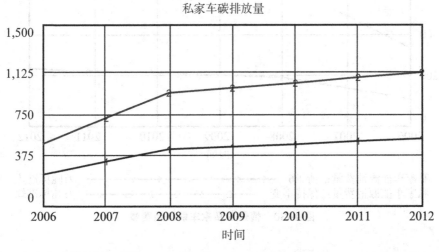

图 4-29　情景 5 私家车碳排放量

4.4.4 人口系统仿真分析

在情景 5 下，私人汽车保有量减少 5%，在此情景下，讨论私家车保有量的变化对私家车能源消费量和私家车碳排放量变化的影响，如图 4-28、图 4-29 所示。

从图 4-28、图 4-29 中可以看出，在情景 5，私人汽车保有量减少 5% 时，私家车能源消费量和私家车碳排放量在一定程度上都有所减少。由此可见，控制私家车的拥有量在一定程度上有利于能源消费的控制和环境保护。

在情景 6 下，倡导私家车油改气政策。在此情景下讨论油改气后对私家车能源消费量和私家车碳排放量变化的影响，如图 4-30、图 4-31 所示。

从图 4-30、图 4-31 中可以看出，在情景 6，倡导私家车油改气政策时，私家车能源消费量和私家车碳排放量在一定程度上都有所减少。由此可见，倡导私家车油改气政策在一定程度上有利于能源消费的控制和环境保护。

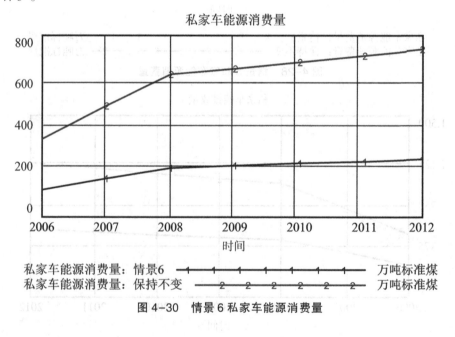

图 4-30　情景 6 私家车能源消费量

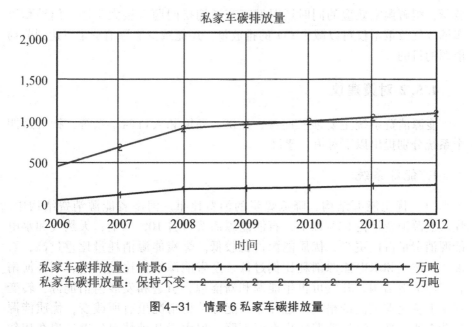

图 4-31　情景 6 私家车碳排放量

4.5　结论和建议

4.5.1　结论

本章在理论联系实际的基础上，运用系统动力学方法多角度地研究了能源消费可持续发展系统的结构、分析各影响因素之间的因果关系建立系统动力学模型，通过不同政策下的情景分析对河南省能源消费系统进行实证分析，通过对仿真结果进行分析主要得出以下结论。

（1）能源消费系统是在特定的经济、社会、自然背景下形成的集能源、经济、环境和人口系统四大系统于一体的复杂系统，系统之间既相互联系又相互制约。处理好四大系统之间的关系，才能实现能源消费的可持续发展。

（2）优化能源结构和产业结构是实现能源消费系统可持续发展的重要保证。实现能源结构多元化，减少煤炭的使用量，大力推进天然气、水电等清洁能源的使用，是应对日益严重的能源和环境问题的长期对策，也是能源消费系统实现可持续发展的必由之路。应进一步加强政策激励和制约两方面的调控作用，为实现能源消费系统持续发展创造良好的制度环境。

（3）实施私人汽车限行政策、控制私人汽车保有量可以控制 CO_2 的排放量，缓解温室效应的同时还对城市交通拥挤问题有很大帮助。倡导私家车油改气政策不仅可以减少 CO_2 的排放量，还能减少能源消费量以达到节约能源的目的。

4.5.2 对策建议

能源消费系统主要涉及能源、经济、环境和人口四个系统，针对这四个系统分别提出以下对策、建议。

1. 能源系统

（1）优化能源结构，降低煤炭的消费比重。河南省能源消费结构中，煤炭能源消费量占85%以上，石油能源消费量占10%以上，天然气和水电能源消费量占比更少，优质能源占比较低。煤炭能源消耗量比重过高，石油、天然气和水电能源消耗比例过低。全省能源结构比较单一，调整河南省能源消费结构，开发可再生能源和新能源，引进和发展清洁能源，转变煤炭消费比重过高的格局。近几年，能源结构情况虽有所改变，优质能源消费有所提高，煤炭消费比率有所下降，但由于基础情况较差，现在依然处于不合理状态。全省以煤炭消费为主，同时燃煤效率又低，废气排放严重，粗放式发展直接破坏了周边的自然生态环境，这已成为河南省大气污染的主要污染源。为此，减少碳氢化石燃料比例，降低能源使用成本，提高能源使用效率，控制环境污染迫在眉睫。

（2）重视发展太阳能、沼气、生物质能、氢能、风能等新能源。使用水电、风电、核电、天然气等能源将大大减少二氧化碳的排放，因此建议相关部门加大天然气、水电等清洁能源的使用，从而实现中国的减排目标。适合进行大规模风力发电的风场资源有限，因此在清洁能源方面，应将太阳能和农村生物沼气工程作为着力点。积极开发水能资源，加快核电发展，鼓励可再生能源和新能源发展，优化能源结构。以此为基础建立积极主动的能源安全保障体系，确保能源供应安全。建立、健全地方性配套能源法律、法规体系，加快能源企业改革步伐，建立适应社会主义市场经济的完善的能源工业体制，通过机制、体制转变，促进能源工业高效、健康、有序发展，从而认真解决能源勘探、生产、使用过程的效率、安企和环保问题。

（3）增加能源自给率。河南省作为新兴的工业大省，经济迅速崛起的同时，对能源的需求也大幅度增长，然而，河南能源供给量的增长幅度却跟不上能源需求的增长，这种供不应求的局面直接关系到河南省经济发展和财政收入等诸多问题。因此，河南省应注重能源生产，使河南省能源消费呈现出供需平衡的良好局面，以满足河南省各行业对能源需求的供应能力，促进各行业的正常发展，提高河南省的经济水平。

（4）大力推进节能降耗。抑制高耗能产业过快增长，突出抓好工业、建筑、交通、公共机构等领域节能，加强重点用能单位节能管理。强化节能目标责任考核，健全奖惩制度。完善节能法规和标准，制订完善并严格执行主要耗能产品能耗限额和产品能效标准，加强固定资产投资项目节能评估和审查。健全节能市场化机制，加快推行合同能源管理和电力需求管理，完善能效标识、节能产品认证和节能产品政府强制采购制度。推广先进节能技术和产品，加强节能能力建设，开展万家企业节能低碳行动，深入推进节能减排全民行动。

2．经济系统

（1）加快调整产业结构。通过模拟可知，产值相同的情况下，第三产业消费的能源比第一产业和第二产业消费的能源少，所以建议大力发展第三产业。第三产业是相对于第一、第二产业而言，第三产业并不直接创造财富，而是对第一、第二产业的再分配。第三产业对于第一、第二产业而言有其独特的作用。比如软件行业可以大幅提高其他行业的工作效率；外贸行业通过进出口使资源配给最优化；娱乐行业可以丰富人们的业余生活。通过调整产业结构来降低能源消耗的总量和减少高排放的能源组成，以达到减少温室气排放的目的。第一，第二产业其万元 GDP 能耗较高；而第三产业万元 GDP 能耗较低提高第三产业的比重，必将引起总体能耗水平的下降，从而达到减少温室气体排放的目的。

（2）大力发展低耗能、高附加值产业。落实《河南省人民政府关于促进中心商务功能区和特色商业区发展的指导意见》（豫政〔2012〕17 号），着力发展河南省具有比较优势的服务业，加快发展高成长性服务业，2015年服务业占生产总值的比重比 2010 年提高 4.9%。贯彻《国务院关于加快培育和发展战略性新兴产业的决定》（国发〔2010〕32 号），大力发展节能环保、新一代信息技术、生物、新能源、新材料、新能源汽车、高端装备制造等战略性新兴产业，2015 年战略性新兴产业占生产总值的比重达到 7%以上。

（3）加强企业技术改造。制定支持企业技术改造的政策，加快应用新技术、新材料、新工艺、新装备改造提升传统产业，提高市场竞争能力。支持企业提高装备水平、优化生产流程，加快淘汰落后工艺技术和设备，提高能源资源综合利用水平。鼓励企业增强新产品开发能力，提高产品技术含量和附加值，加快产品升级换代。推动研发设计、生产流通、企业管理等环节信息化改造升级，推行先进质量管理，促进企业管理创新。推动一批产业技术创新服务平台建设。深化专业化分工，加快服务产品和服务模式创新，促进生产性服务业与先进制造业融合，推动生产性服务业加速发展。

3. 环境系统

（1）控制温室气体排放。坚持减缓和适应气候变化并重，充分发挥技术进步的作用，完善体制机制和政策体系，提高应对气候变化能力。综合运用调整产业结构和能源结构、节约能源和提高能效、增加森林碳汇等多种手段，大幅度降低能源消耗强度和二氧化碳排放强度，有效控制温室气体排放。合理控制能源消费总量，严格用能管理，加快制定能源发展规划，明确总量控制目标和分解落实机制。推进植树造林，加快低碳技术研发应用，控制工业、建筑、交通和农业等领域温室气体排放。探索建立低碳产品标准、标识和认证制度，建立完善温室气体排放统计核算制度，逐步建立碳排放交易市场。推进低碳试点示范。

（2）交通排放对空气污染的影响很大，减少道路交通排放是减少温室气体排放的重要手段。为实施低碳交通战略、评价低碳交通政策的影响，需要有相应的交通碳排放指标和目标，因此建立低碳交通指标体系是十分必要的。减少交通碳排放不能只依靠技术的提高和改进，交通管理手段在低碳交通发展中也不容忽视。在现有的技术条件下，长期有效地交通管理手段可行性强、成本相对较低，是控制和稳定交通碳排放的有利途径，应该引起有关部门的重视并采取相关行动。实行小汽车限行，大力推广公共交通，如地铁、轻轨等轨道交通出行，大力推广步行、自行车等慢行交通的出行方式，以减少或者减慢小汽车的增加所引起的 CO_2 排放量的增量。

4. 人口系统

（1）实行私家车碳税政策。私家车排量的大小基本上能够决定每百公里碳排放量的多少，因此要控制私家车的碳排放总量，应该从调控私家车的消费结构入手，通过实行有效的碳税征收政策来鼓励和引导排量小的私家车消费。在征收碳税的同时应该降低小排量汽车的车辆购置税，这样做的好处是：其一，能够直接影响人们的出行选择，有利于习惯的形成，达到节能减排的效果；其二，不会影响低收入人群拥有汽车的权利；其三，鼓励人们更多地选择小排量汽车，从而间接激励制造商增加小排量汽车供应，升级节能减排技术。

（2）实行油改气政策。私家车油改气不仅能减少能源消耗，还能减少私家车碳排放量。与现有成品油相比，天然气更经济高效、更环保清洁，而且对推动中国能源战略转型具有重大意义。天然气在发动机中容易和空气均匀混合，燃烧比较完全、干净、不容易产生积碳，抗爆性能好。用天然气代替汽油，成本可节约 50% 左右。油改气更有利于环境保护。城市里的空气污染很大程度来自汽车尾气的大量排放。天然气汽车与燃油车相比，尾气排放量大大减少，其中，二氧化碳排放量减少 25%，氮氧化合物排放量减少 80%，气体燃料在制备过程中能量损失较小，有害排放污染物少，对环境保护是更有利的。大力推广天然气汽车，对促进天然气产业健康快速发展和能源结构多元化都有重要战略意义。

参考文献

[1] M. H. Bala Subrahmanya, Energy intensity and economic performance in small scale bricks and foundry dusters in India：does energy intensity matter [J]，Energy Policy, 2006, (34)：489-497.

[2] 张瑞，丁日佳. 我国能源效率与能源消费结构的协整分析 [J]. 煤炭经济研究，2006 (12)：8-10.

[3] 杨宏林，丁占文，田立新. 基于能源投入的经济增长模型的消费路径 [J]. 系统工程理论与实践，2006 (6)：13-17.

[4] 后勇，徐福缘，程纬. 基于可再生能源替代的经济持续发展模型 [J]. 系统工程理论与实践，2008 (9)：67-72.

[5] 陈首丽，马立平. 我国能源消费与经济增长效应的统计分析 [J]. 管理世界，2010 (1)：167-168.

[6] 袁潮清，刘思峰，郭本海. 中国能源经济系统的系统动力学建模与仿真 [J]. 中国管理科学，2011 (19)：717-724.

[7] 韩秀云. 对我国新能源产能过剩问题的分析及政策建议 [J]. 管理世界，2012 (8)：117-175.

[8] 金艳鸣. 能源消费总量控制对我国经济的影响研究 [J]. 生态经济，2012 (12)：45-51.

[9] 宋梅，程青莉，高志远. 河南省能源消费与经济增长关系关联分析 [J]. 中国矿业，2012, 21 (3)：35-38.

[10] Ronald Wendner. An Applied Dynamic General Equilibrium Model of Environmental：Tax Reforms and Pension Policy [J]. Journal of PolicyModeling, 2001, (23)：25-50.

[11] Smil V. Energy at the Crossroads：Global Perspectives and ncertainties

　　　　[D]. Cambridge：MIT Press，NY，2005.

[12] 史丹，张金隆. 产业结构变动对能源消费的影响 [J]，经济理论与经济管理，2003（8）：23-26.

[13] 白华. 区域经济、资源、环境复合系统结构及其协调分析 [J]. 系统工程，1999（3）：19-24.

[14] 杜慧滨. 区域发展中的能源-经济-环境复杂系统 [J]. 天津大学学报，2005，7（5）：362-365.

[15] 宋学锋，刘耀彬. 基于SD的江苏省城市化与生态环境耦合发展情景分析 [J]. 系统工程理论与实践，2006（3）：124-130.

[16] ZHOU P，ANG B W. Decomposition of aggregate CO2e-missions：aproduction theoretical approach. EnergyEconomics . 2008

[17] Christopher Flavin. Low-carbon Energy：A Roadmap [J]. Worldwatch Report，2008.

[18] A. S. Dagoumas，T. S. Barker. Pathways to a low-carbon economy for the UK withthe macro-econometric E3MG model [J]. Energy Policy，2010，（38）：3067-3077.

[19] 贾仁安，章先华，徐兵. 低碳生态能源经济循环农业系统工程典型模式及配套技术 [J]. 系统工程理论与实践，2011，31（1）：124-132.

[20] 曾嵘，魏一鸣，范英. 人口、资源、环境与经济协调发展系统分析 [J]. 系统工程理论与实践，2000（12）：1-6.

[21] GrimaudA，RougeL. Non-renewable Resourees and Growth with Vertieal Innovations：Optimum，Equilibrium and Economic Policies [J]. Journal of Environmental Eeonomics and Management，2003（45）：433-453.

[22] 孙立成. 区域食物-能源-经济-环境-人口（FEEEP）系统协调发展研究 [D]. 南京：南京航空航天大学，2009

[23] 李玮,杨钢.基于系统动力学的山西省能源消费可持续发展研究 [J]. 资源科学，2010，32（10）：1871-1877.

第5章 中国高技术产业创新能力的系统动力学研究

5.1 研究背景和文献综述

5.1.1 研究背景

进入 21 世纪后，随着知识经济时代和经济全球化的来临，知识积累和技术创新是国家和地区财富增长的重要途径，以信息技术、电子技术、生物技术等新兴技术为主的高技术产业的飞速发展，带领了国家和地区的经济发展，以技术密集型、知识密集型为特点的高技术产业，已经成为了决定国家和地区竞争力的关键。在国际竞争日益激烈的情形下，能否在高技术产业的发展上占得先机，能否依靠高技术产业带动传统产业的发展是提升国家综合国力的关键。

经过将近 30 年的发展，高技术产业已经在中国经济发展中占据着举足轻重的地位。20 世纪 80 年代，科学技术的快速发展，对世界各国产生了巨大的影响，引起了社会、经济、政治、文化、军事等方面的深刻变革，很多国家为了能在国际竞争中占得先机，都把高技术的发展作为国家发展战略的重要部分，在这样国际环境背景下，1986 年，中国提出了《高技术研究发展计划（"863"计划）纲要》，该计划提出要充分发挥高技术引领未来的作用。时隔两年后，在 1988 年 8 月，中国又提出了"火炬计划"，该计划是一项发展高技术产业的指导性计划，提出要促进中国高新技术成果商品化、高新技术商品产业化、高新技术产业国际化。这两项计划都为中国高技术产业的发展奠定了坚实的基础。随后，在 1995 年，中国颁布的《中共中央、国务院关于加速科学技术进步的决定》中，明确提出：高技术产业是世界各国经济和科技竞争的重要阵地，中国产业政策和发展规划应该把发展高技术产业放到优先位置。

进入新世纪后，随着中国对科技认识的加深和国家发展对科技的需求，中国又颁布了几个重要的关于高技术产业发展的规划纲要。在 2006 年，国务院颁布了《国家中长期科学和技术发展规划纲要（2006—2020 年）》，提出把高技术产业的发展作为经济增长方式转变的一个重点，同时要发挥高技术产业对经济增长的带动作用。2007 年，国家发展和改革委员会颁布了《高技术产业化"十一五"规划》，该规划明确指出高技术产业化是中国自主创新的重要组成部分，推进高技术产业化，是推动经济结构调整，提高高技术产业核心竞争力的重要措施。2008 年，随着金融危机的到来，全球经济呈现疲软态势，世界各国的经济发展都受到了严重的影响，传统的经济增长方式也受到了很多挑战，而以新兴科技发展的产业引出了经济发展的新方向，因此，中国对高技术产业也是越来越重视。2011 年，中国科技部发布了《国家"十二五"科学和技术发展规划》，该规划指出中国要加快战略性新兴产业的发展，高新技术产业开发区在转变经济发展方式上要起着引领、辐射、带动的作用。

全球金融危机过后，世界经济发展正处于一个调整的阶段[1]，发达国家经济逐渐复苏，新兴经济体增长缓慢，随着新一轮科技革命的到来，世界各国对高技术产业发展愈加重视，美国、欧盟、印度、韩国都纷纷出台相应政策来发展高技术产业以作为新的经济增长点[2]。而中国高技术产业仍面临着许多困境，贸易保护主义在许多国家再次抬头，使得中国高技术产品出口受到了很大制约，人民币的升值压力也给这个产业的出口规模和利润带来了很大冲击，其次中国高技术产业还处于制造业低端，主要从事加工制造，核心创新能力薄弱，对国外技术依存度高，这限制着中国高技术产业竞争力的提升。

随着全球化的深入发展，中国也认识到高技术产业对于经济的发展日益重要，环顾当今世界，财富越来越向着拥有知识和科技的国家和地区集聚，世界各国之间展开的激烈竞争，实质上是科学技术能力的竞争，而高技术产业恰是这个竞争领域的重点。虽然经过 20 多年的发展，中国高技术产业取得了很大的进步，但是中国还不能算是一个科技强国[3]。如今，中国高技术发展水平与世界发达国家相比，还存在不小的差距，面临着严峻的挑战和形势，因此，如何提高中国高技术产业创新能力，增强国家综合竞争力将是中国高技术产业面临的一个重要问题。

5.1.2 文献综述

（1）国外研究概况。国外对于高技术产业做了相当多的研究，如从高技术企业层面进行的各种各样研究，布雷达肯尼（Breda Kenny）和约翰·费伊（John Fahy）（2011）[4]研究高技术企业里中型企业的网络资源和国际化表现，他们发现了一个公司的网络人力资本资源和国际化表现有着正向的关系，但是在网络资源整合、信息共享和国际化表现之间没有找到支持的证据。吴伟蔚（Wei-wei Wu），梁大鹏（Da-peng Liang）（2010）[5]等通过对中国高技术企业技术管理的战略规划研究，发现中国高技术企业技术管理能力有很大的提升空间，且质量管理不如组织管理和资源管理那样成熟。布朗威思·霍尔（Bronwyn H. Hall）（2009）[6]等应用一个可以合并创新成功信息的创新结构模型，发现国际化竞争科研促进 R&D 强度，尤其是在高技术企业中；公司规模、R&D 强度连同实验投入提高了占有过程创新和产品创新的可能性，这两种创新方式对公司的生产率有积极的影响，特别是过程创新。戴维. M. 哈特（David M. Hart）（2011）[7]研究美国高技术企业的绩效与创始人国别、创始团队结构的关系，他发现同质性驱动团队和民族多样性创始团队对于公司的业绩有一个良好的影响。

何永清（Yung-Ching Ho）（2011）[8]等研究高技术产业的前端创新问题，他们认为有效的前端创新管理已经成为高技术产业创新产品发展成功的一个基本因素，并发现战略目标、熟练的流程、创新文化有助于前端的创新表现和减缓前端模糊性的影响。

研究高技术产业生产率方面的，张锐（Rui Zhang），孙凯（Kai Sun）（2012）[9]等分析了研究和开发在中国高技术产业生产率上的影响，他们运用 2000—2007 年的相关数据发现研究和开发对产出的影响在中国东、中、西部地区有明显的差异。

从高技术产业与国际比较的层面研究的，艾伦 L. 波特（Alan L. Porter）（2009）[10]等探讨中国的国际高技术竞争力是否已经达到了一流的标准，在使用传统的高技术指标测量后发现中国将取代美国成为第一高技术大国，但是 2006—2007 年全球竞争力指数报告却认为中国的排名仅为 54，这在某种程度上说明中国的高技术产业规模巨大，但是国际综合竞争力还不强。

研究高技术产业绩效方面的，杰西卡·巴内特（Jessica Bennett）（2009）[11]等利用北爱尔兰高技术企业中信息技术制造业、电子工程制造业、机械工程制造业的数据进行研究，发现在控制选择效应的条件下，技能短缺的影响会对高技术企业造成人均产出水平 65%~75% 的下降。

从金融层面研究高技术产业的，法比奥·贝尔托尼（Fabio Bertoni）（2010）[12]等人分析风险投资金融对新科技为本公司的创新产出的影响，得到的结果是，风险投资积极地影响着后续的专利活动，而在接受风险投资之前，风险投资支持的公司并没有表现出比其他公司更高的取得专利的倾向。

从研发和人力资本角度研究的，马里奥·柯西亚（Mario Coccia）（2009）[13]研究生产率增长和 R&D 投资水平之间的关系，他认为超过 65% 的生产率增长差异是依赖于国内生产总值在 R&D 上的投入所产生的，此外，他还认为研发投入占 GDP 比重在 2.3% ~ 2.6% 之间可以使生产率增长的长期影响最大化。曼努埃尔（Manuel）（2011）[14]引入了一个包含实物资本、人力资本、产品种类的内增长模型，该模型模拟了创新活动的外部性和研发的溢出效应，由数据模拟知道重复的外部性显著地增加了模型适应观察数据的能力。

从股权结构相关方面进行研究，伊雷娜·葛罗菲尔德（Irena Grosfeld）（2009）[15]探究了在华沙交易所上市的公司股权结构和公司价值之间的关系，他认为在高技术公司中，大部分知识相关的活动、更高的股权集中度是与更低的公司价值相关联。

从技术溢出角度进行研究的，如刘晓辉（Xiaohui Liu）和特里沃·巴克（Trevor Buck）（2007）[16]使用面板数据研究不同渠道的国际技术溢出对中国高技术产业创新行为的影响，他们发现国际技术溢出来源和国内努力共同决定了中国高技术部门的创新表现。刘晓辉（Xiaohui Liu）和邹欢（Huan Zou）（2008）[17]使用面板数据分析，通过未开发地区的外商直接投资、跨国并购和贸易探讨国际技术溢出效应对中国高技术产业的影响，他们发现国外技术引进和国内研发投资对于国内创新有积极的作用。

萨娜·哈比（Sana Harbi）等（2009）[18]以突尼斯的高技术产业为对象，研究人力资本、适当的融资、支持机构的协调作用和突尼斯信息与交流技术公司成功之间的关系，他们指出研究与开发与公司的成功呈现负相关关系。

安妮塔·朱霍（Anita Juho）等（2009）[19]试图考察高技术公司国际化进程中外部促进的作用，研究发现国际化在高技术公司的进程中扮演着促进者的角色，并且外部促进的主要作用较大。

法拉（Fallah）等（2009）[20]以 1990—2005 年高技术产业发明家的专利行为为例，研究知识溢出效应对发明人专利行为的影响，发现它们之间存在正相关关系。

（2）国内研究概况。20 世纪 90 年代以来，中国学者围绕高技术产业的创新问题做了很多不同程度的研究，研究的方法有很多如因子分析法、主成份分析法、随机前沿法、数据包络法、计量模型等，研究的角度则各有侧重。

从政府和财政政策角度研究高技术产业的，如王业斌（2012）[21]用中国高技术产业行业层面 1999—2008 年的面板数据，研究政府投入、所有制结构、技术创新三者之间的关系，得出结果是政府投入对高技术产业的技术创新有着明显的促进作用，同时行业的所有制结构显著地影响政府对高技术产业技术创新的影响，国有经济比重越低，政府投入对技术创新的影响越大。樊琦和韩民春（2011）[22]使用中国28个省的高技术产业面板数据进行分析，认为中国政府创新 R&D 补贴投入政策可有效地促进国家和区域的自主创新产出；R&D 补贴投入对于科研基础较好和经济发达的地区绩效要好于科技和经济相对落后的地区。吴金光、胡小梅（2013）[23]对政府财政支持对地区高技术产业创新能力的影响进行了实证分析，得出政府财政支持对于前期科研专利成果的创新产出有良好的促进作用，但对后期科研成果市场化有着负作用以及政府财政支持在东、中、西部地区作用效果有差异的结论。孙玮、成力为（2009）[24]等运用 Malmquist-Tobit 两步法将高技术产业创新绩效分解为技术进步指标和技术效率指数，研究不同 R&D 主体对创新绩效的影响，他们提出技术进步促进了高技术产业整体创新绩效的提升，而由于中国高技术产业规模结构存在不合理，技术效率对创新绩效有负作用。

从国外技术或资金影响的角度研究高技术产业，例如白雪洁和支燕（2012）[25]利用 SEM 模型研究中国高技术产业创新绩效提升的路径，得出技术外取对中国高技术产业的创新绩效影响远大于自主创新，并认为阶段性的技术外取是中国高技术产业短期内有效的创新方式，而自主创新对资金投入和人力投入之外的外部环境有很强的依赖性。冯锋、马雷（2011）[26]等通过一些外部技术来源研究中国高技术产业创新绩效，提出若以新产品销售收入为产出，中国高技术产业创新绩效增长缓慢，而以专利作为产出则创新绩效稳步增长，国外技术引进能促进以新产品销售收入为产出的创新效率，国内技术购买和三资企业可促进以专利为输出的创新效率。沙文兵（2013）[27]探讨了中国高技术产业中吸收能力对 FDI 知识溢出，从而对内资企业创新能力的影响，他认为只有内资企业 R&D 投入强度超过一个临界值时，才可能有效地吸收 FDI 知识溢出，自主 R&D 投入是内资企业提升创新能力的最重要因素。潘菁和张家榕（2012）[28]对中国高技术产业中的13个行业进行研究，得出跨国公司在中国研发投资的人才流动效应和竞争效应可促进中国高技术产业创新能力的提升，但关联效应和示范效应则没有明显的作用。温丽琴、卢进勇（2012）[29]等在研究 FDI 对中国高技术产业创新能力的影响时，发现科研支出和人力资本在产品研发阶段能够促进高技术产业的创新力，而在产品投放阶段却有阻碍作用；其次在中国入世之前，内资企业和外资企业的技术差距可以促进中国高技术产业的创新能力，在入世后则起着反作用。

马彦新（2012）[30]从金融的角度来分析中国高技术产业的自主创新，他用新产品销售收入和专利申请数量作为自主创新能力的指标，得出中国的股票市场、金融深化、保险发展能够明显地提高高技术产业自主创新水平，并且股票市场的推动作用比金融中介大的结论。

戴魁早和刘金友（2013）[31]从市场结构的角度分析中国高技术产业，他们将创新效率动态变化分解为技术进步和创新资源配置效率改善两部分，研究发现，中国高技术产业市场化程度对技术进步和创新资源配置效率改善都有积极作用，而且这种作用在入世后变大了；由于行业间的差异，市场化进程在提高创新效率程度方面有差异；高级产业创新效率与市场势力存在一个倒 U 型的关系。

徐巧玲（2013）[32]侧重于高技术产业专利开发的研究，利用计量经济模型，她分析中国高技术产业发展与专利开发两者存在较强的正相关关系，但是当前两者并没有形成良好的互动关系，这与中国长期不重视专利制度以及科技市场机制不健全有很大的关系。

有些学者从创新绩效角度研究中国高技术产业，李晓梅和夏茂森（2010）[33]基于社会动力因子、市场效率因子、技术独占因子、人类资源因子 4 个要素对高技术产业创新绩效进行评价，发现中国不少省份的高技术产业创新投入不足，资源配置的效率低下，且技术独占性也不强。刘玉芬、张目（2010）[34]对高技术产业中的 5 个行业进行研究，把创新绩效分为两阶段做出评价，对 5 个行业的创新绩效由航空航天制造业到医药制造业进行了由大至小的排序。戴魁早（2013）[35]研究中国高技术产业垂直专业化对创新绩效的影响，他发现垂直专业化能够有效地促进高技术产业的创新绩效，而行业特征对垂直专业化的作用效果有影响，另外，市场化进程也影响着创新绩效。

一些研究则侧重高技术产业创新能力，赵玉林、程萍（2013）[36]把高技术产业创新能力分为 4 个时期进行研究，他们发现中国区域间高技术产业创新能力存在较大的差距，而且差距有越拉越大的趋势；创新投入力度和地方政府支持力度是提高高技术产业创新能力的重要措施。李荣生（2011）[37]建立杠杆模型对中国高技术产业中 5 个行业的 17 个细分行业进行了创新能力的评价，得出结果是技术创新能力在细分行业中存在显著的差距，并且大部分行业的技术创新能力水平匹配程度低。周明和李宗植（2011）[38]从产业集聚的角度研究高技术产业的创新能力，他们认为 R&D 资本和人力资源投入对高技术产业创新能力有明显的积极作用；区域间和区域内的知识溢出对创新产出有显著影响；高技术产业创新产出和政府支持力度还未形成稳定的关系；区域的创新产出有显著的空间依赖性。徐玲、武凤钗（2011）[39]用因子分析法对中国高技术产业创新能力进行了综合评价和排名，他们分析得到对创新能力影响较大的有创新人力资源，经费投入与创新产出能力指标等一些因素。赵志耘、杨朝峰（2013）[40]对 2005 到

2010 这段时间中国高技术产业创新能力进行了分析，得到的结论是知识存量对产业创新的作用并不是很显著；国内技术引进可有效促进高技术产业科研产出，但是经济效益不突出；而国外技术引进对创新能力没有明显的影响；企业规模一定程度上阻碍了中国高技术产业创新能力的发展。

5.2　研究意义和技术路线

5.2.1　研究意义

随着世界各国的竞争日趋激烈，以前由科学技术发展起来的高技术产业，有着高投入、高产出、高渗透性、高附加值的特点，它对国家和地区的经济发展、社会发展、环境保护、国家安全、贸易等方面都有着积极的作用，高技术产业的发展已经成为世界各国取得竞争优势地位的重要途径。纵观世界发达国家，其高技术产业的发展水平对其国家的综合国力的提升和在增强其世界上的影响力都起到了不可忽视的作用。

在经过改革开放 30 多年的发展后，中国的现代化建设取得了许多巨大的成功，但是这些发展也付出了不小的代价，经济的持续增长依赖于资源和能源的过度消耗，环境污染日益严重；长期的发展也暴露了中国经济结构存在不合理的地方，农业基础底子薄弱，现代服务业和高技术产业发展滞后，企业的核心竞争力弱，自主创新能力不强，经济效益产出低；且在扩大劳动就业问题上、健康保障问题上、国家安全保障问题上，还存在诸多问题和困难有待解决。

高技术产业对于中国农业、制造业等传统产业的发展具有积极的引领作用，农业生物技术、农业信息技术、航天育种工程等新兴技术可以有效地带动现代化农业的发展；精密仪器设备、精密机电设备等高技术装备制造业的发展也可提升中国装备制造业的总体水平；技术和知识密集型服务业的发展在提高人民生活水平和生活条件方面起到了重大作用，因此，发展高技术产业是加快中国现代农业、制造业、服务业发展的重要力量。另外，发展高技术产业是提高中国经济增长质量的一个关键因素，一方面，高技术产业的发展可以提高自然资源的使用效率，这能够有效地缓解当前中国发展中面临的资源压力；另一方面，随着高技术产业的发展，在重工业行业中对生产设备和工艺流程进行改进后，对于减少环境污染起着明显的作用。此外，高技术产业中新型能源产业的发展，以及可再生能源和新材料的应用，也有利于中国向环境友好型社会、资源节约型社会转变。因此，提高中国高技术产业的创新能力具有重要的理论意义和现实意义。

（1）理论意义。高技术产业创新能力系统具有显著的系统性，而系统动力学方法主要可以用来分析系统行为的变化趋势，借助系统动力学软件进行模拟仿真，能够分析出整个系统的动态行为和结构功能的内在联系，将系统动力学理论应用到中国高技术产业创新能力的分析中，可以从定量和定性两个层面分析系统的动态趋势，为中国今后关于高技术产业政策的制定提供有参考价值的依据。

（2）现实意义。当前，世界格局和经济发展模式都发生了深刻的变革，具有引领经济发展趋势的高技术产业已经普遍受到了各国的重视，各国政府纷纷对其产业结构进行调整，积极发展高技术产业，争取能够抢占这个产业的制高点。随着中国社会进步和经济持续增长，对于科学技术也提出了巨大的需求，本章尝试对中国高技术产业创新能力进行系统性的分析，并针对分析结果提出增强中国高技术产业创新能力有价值的建议。

5.2.2 技术路线

技术路线如图 5-1 所示。首先，进行高技术产业相关文献和资料的阅读，总结已有研究中的成果和不足之处，寻找所要研究问题的切入点，同时进行系统动力学相关应用文献的阅读，分析运用系统动力学方法研究此问题的适用性。其次，结合产业创新能力理论和中国高技术产业发展现状，对其创新能力做出分析。接着，进行有关高技术产业创新数据的统计与分析，在系统动力学理论的基础上，建立中国高技术产业创新能力的系统动力学模型。最后，对模型进行仿真和政策模拟，进而得出结论并提出相应的建议。

5.3 高技术产业创新能力模型构建

5.3.1 中国高技术产业结构

根据《中国高技术产业统计分类目录》，中国高技术产业主要分为以下行业：医药制造业、航空航天器制造业、电子及通信设备制造业、电子计算机及办公设备制造业、电子元件制造业、核燃料加工、信息化学品制造业、公共软件服务共 8 大类，鉴于统计数据的可获得性，暂且分析前 5 个行业。

（1）行业结构。根据《高技术产业统计年鉴》，表 5-1 为 2012 年中国高技术产业及其包含的 5 个行业的部分经济数据和各行业所占整体的比例。

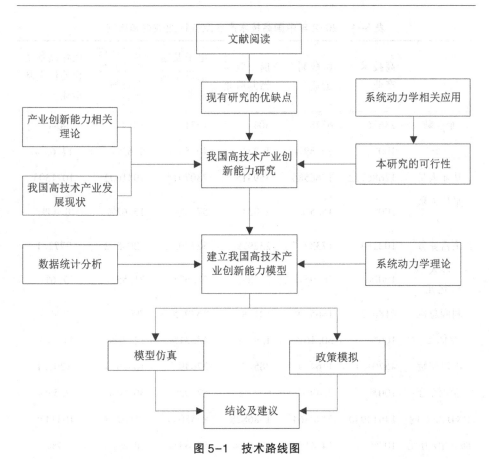

图 5-1 技术路线图

从表 5-1 可以看出，在中国高技术产业中，电子及通信设备制造业在 5 个行业中占有较大的优势，各项经济指标比重都在 50% 左右，电子及通信设备制造业的有效发明专利数所占比例为 66%，优势最为明显，而其所占比例最低的一项是利润总额，但比重也达到了 43.31%，由此可知，电子及通信设备制造业是中国高技术产业中的重要支柱。在这 5 个行业中，航空、航天器制造业大部分经济指标所占的比重都比较低的，例如其 R&D 经费内部支持并不算太少，但是所实现利润和其他制造业相比却极低，因此创新对这个制造业的支撑有待加强，而且这个制造业又是涉及国家安全、国防实力的重要行业，因此，如何实现航空、航天器制造业的快速发展将是今后中国高技术产业发展面临的重要课题之一。

表 5-1　2012 年中国高技术产业及各行业数据和比例

	高技术产业	医药制造业	航空航天器制造业	电子及通信设备制造业	电子计算机及办公设备制造业	医疗设备及仪器仪表制造业
企业数	24636	6378	304	12215	1387	4343
/个	100%	25.89%	1.23%	49.58%	5.63%	17.63%
从业人员	12686722	1966586	359315	7307914	1981602	1071305
平均人数/人	100%	15.5%	2.83%	57.6%	15.62%	8.44%
主营业务	102284	17337.7	2329.9	52799.1	22045.2	7772.1
收入/亿元	100%	16.95%	2.28%	51.62%	21.55%	7.6%
利润总额	6186.3	1865.9	121.8	2679.5	790.5	728.7
/亿元	100%	30.16%	1.97%	43.31%	12.78%	11.78%
出口交货	46701.1	1164.9	385.7	27049	16926.4	1202.1
值/亿元	100%	2.49%	0.77%	57.92%	36.24%	2.57%
R&D 经费内	14914940	2148864	1586828	8555044	1580728	1043475
部支出/万元	100%	14.41%	10.64%	57.63%	10.6%	7%
新产品销售	237653174	24492419	6018300	129043438	66129950	11968064
收入/万元	100%	10.31%	2.53%	54.3%	27.83%	5.04%
有效发明专	97878	10073	1770	64603	14922	6510
利数/件	100%	10.29%	1.81%	66%	15.52%	6.65%

数据来源：《2013 年中国高技术产业统计年鉴》

（2）进出口结构。从表 5-2 中可以看到，在 2012 年中国高技术产业的进出口贸易中，进料加工贸易占的比重最大为 54.17%，在出口贸易中，来料加工装配贸易和进料加工贸易加起来所占比重超过 70%，可见中国高技术产业目前主要从事的是为其他国家进行产品加工；在体现产品具有自主研发能力含量的一般贸易当中，其出口贸易所占比例为 15.72%，这说明目前中国当前在国际市场上缺乏具有创新性、高竞争力的新产品和技术，出口贸易主要是代加工产品。

表 5-2　中国高技术产业进出口贸易构成

	出口贸易额	比例	进口贸易额	比例	进出口贸易总额	比例
合计	601173	100%	506864	100%	1108037	100%
一般贸易	94483	15.72%	123980	24.46%	218463	19.72%
国家间、国际组织无偿援助和赠送的物质	196	0.03%	10	0.00%	206	0.02%
来料加工装配贸易	33900	5.64%	33992	6.71%	67892	6.13%
进料加工贸易	397817	66.17%	201986	39.85%	599803	54.13%
加工贸易进口设备			637	0.13%	637	0.06%
对外承包工程出口货物	819	0.14%			819	0.07%
租赁贸易	6	0.00%	6511	1.28%	6517	0.59%
外商投资企业作为投资进口的设备、物品			5966	1.18%	5966	0.54%
保税仓库进出境货物	6567	1.09%	15848	3.13%	22415	2.02%
保税区仓库转口货物	66606	11.08%	111887	22.07%	178493	16.11%

数据来源：2013 年《中国高技术产业统计年鉴》

（3）中国高技术产业布局。产业布局指在某一特定范围内这个产业的空间结构和组合布局，其合理程度将影响该产业的发展速度，本小节主要以中国高技术产业的产值和出口交货值来分析中国高技术产业的区域布局情况。

从 2011 年中国高技术产业总产值分布来看，当年总产值较高的地域主要集中在中国东部沿海省份，这些地方同时也是中国经济实力最强、发展速度最快的地域，在中西部地区中只有四川省的产值较高。中国高技术产业的发展呈现出明显的东部向西部减弱的梯度状态，发展非常不均衡。从 2012 年中国高技术产业出口交货值分布来看，中国高技术产业中具有较强竞争力的省份很少，除了江苏、广东、上海外，其他省市在 2012 年出口交货值均没有超过 2000 亿美元，而 31 个省市中有 13 个省份出口交货值不足 100 亿美元，造成这种现象除了经济发展开发程度、国家政策和地理位置等原因外，还与地区的科技和教育的发展程度有很大关系。因此，今后中国应注重高技术产业的协调发展，减小地域间发展的差距。

（4）中国高技术产业与国际的比较。尽管中国高技术产业经过了长期发展取得了一系列令人鼓舞的成绩，但是还存在不少问题，与世界发达国家相比还有很大差距。R&D 经费投入代表了一国对科技研发活动的重视程度，见表 5-3。从高技术产业整体上看，中国与发达国家相比相差悬殊，中国 2012 年的 R&D 经费投入比重为 1.68，而美国在 2009 年的比重就已经达到了 19.74，是中国投入 R&D 经费的 11 倍多，与其他一些发达国家相比差距也是不小；在分行业中中国 R&D 经费投入的比例也大部分也落后于其他国家的水平，可见中国高技术产业 R&D 经费投入还须大幅度提高。

表 5-3　部分国家高技术产业 R&D 经费占工业总产值比重情况

	高技术产业	飞机和航天器制造业	医药制造业	办公、会计和计算机制造业	广播、电视及通信设备制造业	医疗、精密仪器和光学器具制造业
中国 2012	1.68	7.28	1.6	0.77	1.78	1.99
美国 2009	19.74	18.76	23.63	14.49	21.2	16.17
日本 2008	10.5	2.9	16.4	7.61	8.9	16.98
德国 2007	6.87	8.65	8.27	4.46	6.28	6.28
英国 2006	11.1	10.7	24.92	0.38	7.56	3.63

数据来源：《2013 年中国高技术产业统计年鉴》

从表 5-4 中可以看到，除中国外，其他国家的高技术产业出口占制造业比例是在逐渐下降的，这主要有两方面原因：一是发达国家的高技术产业经过长期的发展已经步入成熟期，因发展中国家拥有的廉价劳动力和丰富资源的优势，许多发达国家的高技术产业早已将产品的生产和组装向外转移，进而使得发展中国家高技术产业水平提高不少；二是发展中国家利用高技术科研活动的外溢性，通过技术引进、模仿逐步缩小本国产品与发达国家高技术产品之间的差距，因而在国际市场的竞争上取得了一定的份额。

表 5-4　部分国家高技术产业出口占制造业出口比例情况

	2002	2003	2004	2005	2006	2007	2008	2009	2010	2011
中国	23.7	27.4	30.1	30.8	30.5	26.7	25.6	27.5	27.5	25.8
美国	31.8	30.8	30.3	29.9	30.1	27.2	25.9	21.5	19.9	18.1
日本	24.8	24.4	24.1	23	22.1	18.4	17.3	18.8	18	17.5
德国	17.5	16.9	17.8	17.4	17.1	14	13.3	15.3	15.3	15
英国	31.7	26.3	24.5	28.3	33.9	18.9	18.5	21.8	21	21.3

数据来源：世界银行《世界发展指标 2013》

5.3.2 建模目的及建模假设

（1）建模目的。从系统动力学的角度来说，模型是为所要研究和解决的具体问题而建立的，因此，明确建模目的是整体工作的第一步。

从以上分析可知，世界发达国家越来越重视高技术产业的发展，其经济增长社会发展对高技术产业的依靠性逐渐加强，而中国高技术产业发展水平与发达国家存在较大差距，在以高科技引领发展的时代，中国一直缺乏强有力的国家综合竞争力，因此，高技术产业对于中国未来的经济发展意义深远。

建模目的是：分析中国高技术产业创新能力的内部运行机制和外部影响因素，对相关的内部、外部因素进行适当的简化和定量化，建立高技术产业创新能力的系统动力学模型，对中国高技术产业的创新行为特征进行模拟，研究系统内部反馈结构、反馈机制与其动态行为之间的关系。通过改变模型中的某些参数，分析和对比中国高技术产业创新能力的状况和发展趋势。寻找可能提高中国高技术产业创新能力的制度和政策因素，通过对模型进行政策模拟实验，找出其中的主要影响因素以及制度和政策改进的途径，为提高中国高技术产业的创新能力提供有参考价值的理论和方法依据。

（2）建模假设。在建立模型之前，对模型进行一些恰当的假设可以使建立的模型较好地描述实际当中的系统，同时又不至于由于某些细节太过复杂而增加工作量并影响模型的模拟精度。所以，在进行下面分析之前，需对模型进行一些基本假设来简化模型。

高技术产业创新能力系统是一个典型的复杂系统，可以由很多个子系统组成，而且子系统之间的关系错综复杂，为了研究的需要，将精力用于主要的问题和矛盾，研究基于以下假设：①高技术产业创新能力系统的运行是一个连续、渐进的行为过程；②模型主要由与高技术产业创新能力有关的因素组成，不考虑其他产业、生态环境、资源消耗等的影响和制约关系；③系统模型重点考察系统的投入和产出，不考虑具体的操作流程；④为了系统模型的简化，不考虑延迟性对系统模型的影响；⑤不考虑因非正常原因引起的系统状态突变问题，如战争、自然灾害等。

5.3.3 系统边界划分

系统是一个相对于所要研究问题实质和建模目标的概念，确定研究问题的实质和建模目标后，也就确定了系统。系统边界，简单地说就是系统所包含的功能和系统不包含的功能间的界限。系统都是被一组把它与环境相分离的边界包围。在系统分析阶段，只有确定了系统的边界，才能继续分析、设计等工作，才能确定系统的外生变量和内生变量。通过确定系统边界可把所要研究的系统问题划入模型，把其他部分排除在外，将系统与其环境隔离开。根据系统动力学的理论，划分系统边界就是要在定量分析或者定性分析的基础上，把与系统建模目标联系紧密的重要因素考虑进来，进而确定系统中的主要变量。

边界以外是与系统有关的环境，边界以内为系统本身。高技术产业创新能力系统属于开放的系统，开放的系统与环境之间存在信息、物质、能量的交流，但是这些交流并不会影响系统边界的确定。虽然系统和环境间有互相作用的现象，但是在建立系统模型时，应当把系统假设为一个封闭的系统，没有其他东西可以进入系统边界或离开系统，只有这样才能够专注于研究和分析系统内部的各种关系，待确定系统内部基本结构后，再分析环境对系统的影响，以及考虑系统对环境的响应等关系。

由建模目的可知，模型侧重于研究中国高技术产业的创新能力。高技术产业创新能力系统是一个很复杂的大型系统，把它作为一个整体的系统来研究，系统内部的一些要素之间的关系并不一目了然，若没有规划出一个总体的研究框架，这个系统显得凌乱不堪，因此在建立模型时，必须要抓住系统中的关键因素，将它们相互间的关系表达出来，同时剔除不重要或重复的联系。

高技术产业的创新能力指将高科技知识、技术转化为具有高科技含量的新产品或者新工艺，本章从中国高技术产业创新能力的内部组成要素出发，结合高技术产业自身的特点，并以高技术产业创新能力理论为基础，在确定系统界限时将中国高技术产业创新能力系统划分为以下三个子系统：投入能力子系统、产出能力子系统、支撑能力子系统。这三个子系统之间相互联系，相互影响，相辅相成，其内部要素不是孤立存在的，而是相互交织在一起，这三个子系统共同组成了高技术产业创新能力系统。

5.3.4 模型因果关系图的建立及分析

因果关系图就是用一张图来集中表示系统边界内的要素和因果关系。对系统的研究，须辨别出系统中相关的因素，然后分析各个影响因素所组成的各种因果反馈关系，这可以很好地认清系统内部发展的规律。对于高技术产业创新能力的研究，本章先把整个系统的因果关系分解成 3 个子系统，以便从多个角度和多个层次分析系统的结构，最后再把 3 个子系统的相互作用进行综合分析。

（1）投入能力子系统因果图。高技术产业的创新投入能力子系统主要包括两方面创新资源的投入，一方面是科技活动经费的投入，另一方面是科研人力资源的投入。与高技术产业科技活动相关的经费投入来源主要有 3种方式，分别是政府为支持高技术产业科技活动的投资、企业为主的投入以及金融机构贷款。

政府对高技术产业的投入对其科技活动有着显著的影响，政府资金投入有助于高技术产业研发活动的开展，由于科技成果和新产品具有公共品的属性，在这个产业内的企业会对新产品和新技术进行跟踪模仿以获取私人收益，而政府对高技术产业的资金支持可以减少社会收益和企业收益之间的差距，帮助其获取更高的研发收益，刺激企业增加科技活动的资金，提高其科技研发的积极性，从而产生更多的科研成果帮助企业提升自身的综合竞争力，同时企业获得优厚的利益回报将会刺激更多的新企业进入到这个产业，这便给整个高技术产业带来了良好的竞争和活力，政府资金起到了"杠杆作用"，同时政府和社会有可以享受到高技术产业发展带来的多种效益。企业自身经费投入是高技术产业中科技活动经费筹集中最主要、最直接的部分，企业从自身的收入和利润中提取科研活动的资金，因而研发活动更具有主动性和积极性，企业根据自身情况和产品市场导向自行决定所要研发的项目，有利于企业形成产品优势占领市场份额，使得企业能够从创新投入中直接获得收益，对研发和创新愈加重视并坚持不移地投入科技经费进行相关科研活动，进而提升企业竞争的原动力。金融支持是高技术产业发展不可缺少的一部分，高技术产业由于本身具有高风险性、高投入性，其科研活动经费需要投入大量、持续的资金，产品和技术研发阶段到生产环节时间较长，而且高技术产业多涉及科学技术的前沿领域，其开发的产品和技术具有很大的不确定性给融资带来了不小困难，如果没有金融机构提供高效率、大规模的资金保障，那么高技术产业很难快速成长。

科研人才是高技术产业核心竞争力的基石，由于高技术产业涉及相当先进、系统、专业、综合的技术和理论，因此相对简单的劳动力资源难以满足高技术产业发展的需要，科研人员对于高技术产业来说尤其重要，科研人员具备创新能力和掌握着丰富的专业知识，他们不但可以研发新产品和专利技术，还可为企业的日常运转提供专业技术保障；高技术产业科研人力资源一方面直接来源于高技术产业对专业研发人员的经费投入，不仅通过合理的考核机制、晋升机会、企业发展潜力、优厚待遇等，吸引国内和国际的优秀科研人才到这个产业中来服务，而且提供给企业中的研发人员培训和深造的机会以帮助他们不断提高科研水平；另一方面则间接受惠于财政支出中教育经费的投入，教育经费投入是高校进行人才培养和科技活动的重要来源，高校是培养科研人才的重要基地，也是原创性理论和科研的重要来源，高校科研人员长期从事科研工作，对产品和技术的研发颇有心得，是高技术产业创新能力发展的重要合作力量。基于以上分析，建立的高技术产业投入能力子系统因果关系图，如图5-2所示。

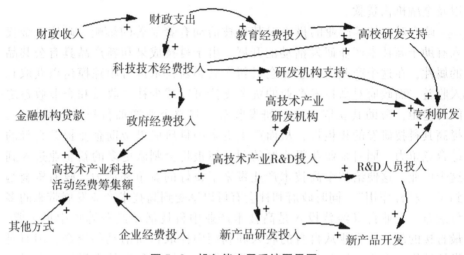

图5-2　投入能力子系统因果图

（2）产出能力子系统因果图。因为高技术产业自身具有高风险性，而且高技术产业科技活动具有诸多不确定性因素，使得高技术产业投入的资源不一定能够产出相应的科技成果，因此，高技术产业产出能力是衡量高技术产业创新能力的一个重要标准。高技术产业产出成果有很多包括发明专利数、被收录科技论文数、自主品牌、新产品销售带来的利润等，但鉴于产出成果的可获得性和易测性，这里重点研究发明专利和新产品销售利润。受市场需求拉动和企业利润最大化驱动的影响，高技术产业的产出应尽可能满足市场的需求同时实现企业的收益，当市场需求得不到满足时，必定会出现市场空缺，致使新产品的市场潜力上升，企业和公司就有获得巨大潜在收益的机会，这便刺激其谋求产品利润，只有获得了利润才能维持自身的生存并继续进行规模扩展，才能继续投入经费进行研发，企业和公司才能利用丰厚的科研人员投入经费来吸引优秀的科技人才，进而提高自身的科研实力，帮助企业和公司提高产品、技术的研发能力，以便在未来竞争中处于有利的地位；专利是产品市场竞争中的核心，要想在同行业的挑战中立于不败之地，必须依靠专利优势保持竞争的主动性，专利研发有助于高技术产业的知识积累，知识存量的累积可以使企业在新产品研发中占得先机，凭借着有效发明专利可使自身产品具有独特性、领衔性，保持对其他竞争者的优势地位，从市场中获取更大的收益，并且还可通过税收的形式使政府和社会受益。由以上分析建立高技术产业产出能力子系统因果关系图，如图5-3所示。

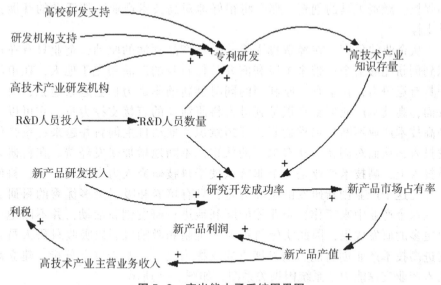

图5-3　产出能力子系统因果图

（3）支撑能力子系统因果图。支撑能力是指与高技术产业有关联的主体对其科技活动的支持力度，支撑能力是高技术产业创新能力的重要组成部分。研究高技术企业支撑能力子系统主要从以下3个方面出发。

从政府的角度，政府除了可以在科学技术投入和教育投入上对高技术产业形成支持，在政策方面也可以支持高技术产业的创新活动，高技术产业由于其科研活动的公共品特性，如果完全依赖于产业中企业和公司的力量进行科研活动，很有可能会无法通过市场调节的方式来充分发挥出科技活动中资源的作用，这时如果政府能够出台相关政策进行指引和支持便可更好地促进高技术产业开展创新活动；另一方面在税收优惠政策上，政府也可以对高技术产业科研活动提供间接的支持；此外，进行高技术产品采购即可以帮助高技术产业实现利润又可以引导市场购买高技术产品，同时政府还可以放宽创新的领域，鼓励竞争减少垄断，组织与其他国家的科技交流活动，从而为高技术产业提供一定力度的支持。

从金融服务的角度，高技术产业的基础创新和关键性技术创新是一个长期的活动，这需要有雄厚资金不断地支持，但由于新技术、新产品具有很大的风险性和不确定性，使得很多高技术产业中的企业和公司在不同发展时期常常面临着资金的短缺问题，在创建时期，高技术产业需要资金购买科研设备、生产设备来进行产品研发，在扩展时期，随着新产品投入市场带来了良好的收益，产业中的企业需要大量资金以进行业务领域的扩展，如果金融机构能够为高技术产业提供良好的金融环境，逐步完善资本市场，加强投、融资工具的创新，那必将很好地对高技术产业科技活动的开展提供支撑。

从企业的角度，在经费投入上，受新产品利润的驱动，企业只有在认识到创新能够给企业带来丰厚利润并且使自身的产品领先于他人，在市场中具有竞争力，在享有丰厚利润的同时创新的驱动力也会越来越强，另一方面，高技术产业创新意识是其进行科研活动的直接支撑力量，它可以推动高技术产业不断地追求创新、开拓意识，推动自主创新并越来越重视研发投入，从而对创新活动有深刻的认识，不断地增加研发经费。在科研人员投入上，高技术产业是一个非常依仗于科技研究人力资源的产业，科研人才是这个产业创新研发的主导力量，只有培养和吸引更多优秀的科研人才到这个产业中来工作，企业才能顺利地进行研发创新活动，并不断地产出更多的研发成果，因此实施何种人才机制和激励机制以吸收科研人员是促进高技术产业创新能力的发展重要支撑力之一。鉴于以上分析，建立高技术产业支撑能力子系统因果关系图，如图5-4所示。

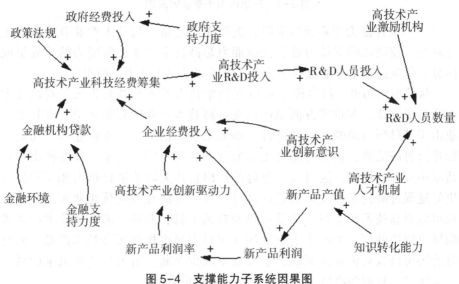

图 5-4　支撑能力子系统因果图

（4）高技术产业创新能力系统因果图。在分别对投入能力子系统、产出能力子系统、支撑能力子系统进行分析后，并考虑系统内部各个因素的相互关系后，由此建立高技术产业创新能力的因果关系图，如图5-5所示。

高技术产业创新能力因果关系图的主要回路如下：

1）财政收入↑→财政支出↑→科学技术经费投入↑→政府经费投入↑

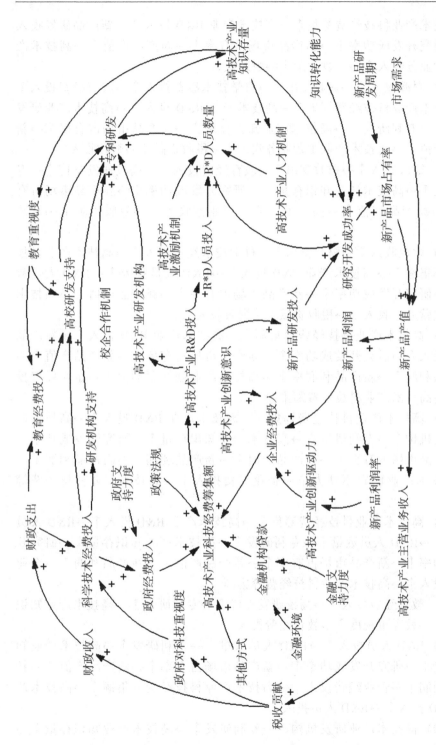

图5-5　高技术产业创新能力因果关系图

→高技术产业科技经费筹集↑→高技术产业 R&D 投入↑→新产品研发投入↑→研究开发成功率↑→新产品市场占有率↑→新产品产值↑→高技术产业主营业务收入↑→税收贡献↑→财政收入

2）财政收入↑→财政支出↑→科学技术经费投入↑→政府经费投入↑→高技术产业科技经费筹集↑→高技术产业 R&D 投入↑→高技术产业研发机构↑→专利研发↑→高技术产业知识存量↑→新产品市场占有率↑→新产品产值↑→高技术产业主营业务收入↑→税收贡献↑→财政收入

3）财政收入↑→财政支出↑→教育经费投入↑→高校研发支持↑→专利研发↑→高技术产业知识存量↑→研究开发成功率↑→新产品市场占有率↑→新产品产值↑→高技术产业主营业务收入↑→税收贡献↑→财政收入

4）财政收入↑→财政支出↑→科学技术经费投入↑→高技术产业科技经费筹集额↑→高技术产业 R&D 投入↑→R&D 人员投入↑→R&D 人员数量↑→研究开发成功率↑→新产品市场占有率↑→新产品产值↑→高技术产业主营业务收入↑→税收贡献↑→财政收入

5）高技术产业科技经费筹集额↑→高技术产业 R&D 投入↑→新产品研发投入↑→研究开发成功率↑→新产品市场占有率↑→新产品产值↑→新产品利润↑→新产品利润率↑→高技术产业创新驱动力↑→企业经费投入↑→高技术产业科技经费筹集额

6）高技术产业科技经费筹集↑→高技术产业 R&D 投入↑→高技术产业研发机构↑→专利研发↑→高技术产业知识存量↑→研究开发成功率↑→新产品市场占有率↑→新产品产值↑→新产品利润↑→新产品利润率↑→高技术产业创新驱动力↑→企业经费投入↑→高技术产业科技经费筹集额

7）高技术产业科技经费筹集↑→高技术产业 R&D 投入↑→R&D 人员投入↑→R&D 人员数量↑→专利研发↑→高技术产业知识存量↑→研究开发成功率↑→新产品市场占有率↑→新产品产值↑→新产品利润↑→企业经费投入↑→高技术产业科技经费筹集额

8）教育经费投入↑→高校研发支持↑→专利研究↑→高技术产业知识存量↑→教育重视度↑→教育经费投入

9）R&D 人员投入↑→R&D 人员数量↑→专利研发↑→高技术产业知识存量↑→研究开发成功率↑→新产品市场占有率↑→新产品产值↑→新产品利润↑→企业经费投入↑→高技术产业科技经费筹集额↑→高技术产业 R&D 投入↓→R&D 人员投入

10）高技术产业研发机构↑→专利研发↑→高技术产业知识存量↑→

研究开发成功率↑→新产品市场占有率↑→新产品产值↑→新产品利润↑→新产品利润率↑→高技术产业创新驱动力↑→企业经费投入↑→高技术产业科技经费筹集额↑→高技术产业 R&D 投入↑→高技术产业研发机构

11）R&D 人员数量↑→专利研发↑→高技术产业知识存量↑→高技术产业人才机制↑→R&D 人员数量

12）政府经费投入↑→高技术产业科技经费筹集↑→高技术产业 R&D 投入↑→新产品研发投入↑→研究开发成功率↑→新产品市场占有率↑→新产品产值↑→高技术产业主营业务收入↑→税收贡献↑→政府支持力度↑→政府经费投入

因果关系回路的分析：

政府对高技术产业的经费投入是其科技活动经费筹集重要的一部分，政府投入越多，高技术产业进行科技活动就越活跃，进而也会在 R&D 上投入更多的经费，R&D 的投入主要在三方面：新产品研发投入、R&D 人员培养上的投入、高技术产业中研发机构的投入。R&D 得到的支持越多，那么这三方面活动取得的效果就越好，由此，在高技术产业中，专利的研发、知识存量的积累、新产品的研发所获得的结果也越好，给高技术产业带来的效益也越高，随着高技术产业的收入增加，其对税收的贡献也越来越高，政府一方面会更加重视对高技术产业的支持力度，另一方面鉴于税收对财政收入增加的贡献也会使政府加大科学技术经费投入，继而在某种程度上增加了高技术产业的科技活动经费，是国家和社会受益于高技术产业的发展。

财政支出另一个重要的方面是教育经费的投入，教育经费是高校人才培养的重要来源，科学技术经费是高校进行科技活动的重要来源，有了两方面的经费支持，在良好的合作机制下，高校与高技术产业中的研发机构可以更好地进行专利研发，由此打下了良好的知识储备基础，这能使政府更加重视教育，同时有利于高技术产业的新产品研发，增加了新产品的市场竞争力，进而提高了高技术产业新产品的产值，增加了高技术产业的收入，从而做出了良好的税收贡献，增加了财政收入，继而在财政支出中的教育经费投入和科学技术经费投入上获得重视。

企业自身经费的投入是高技术产业科技活动经费筹集的主要部分，高技术产业筹集到的 R&D 活动经费，主要放在高技术产业中的研发机构活动、投入到 R&D 人员的培养以及新产品的研发，这三类活动有助于高技术产业知识存量的增加和新产品的研发，进而提高了新产品的市场占有率，使高技术产业从新产品中获得更丰厚的利润，同时也提高了企业的利润率，由此增加了高技术产业的创新动力，使高技术产业认识到创新使其获得优厚回报的重要途径，继而高技术产业更愿意从其利润中提取更多的资金进行科技相关活动。

高技术产业是一个依赖于先进科技的产业，科研人才对高技术产业的发展至关重要，高技术产业对于 R&D 人员的投入非常重视，配合良好的人才机制和激励机制，高技术产业才能培养和吸引更多的 R&D 人员到这个产业中来，这对于高技术产业的知识存量积累和研发能力都大为有益，同时高技术产业认识到 R&D 人员的价值后，也就会施行更好的人才机制。

5.3.5 模型系统流程图的建立

（1）变量的描述。根据高技术产业的特点以及创新能力的相关知识，并且结合已有的研究，从投入能力、产出能力、支撑能力三个方面，选取以下指标建立中国高技术产业创新能力模型。在指标的选取过程中，不仅要考虑指标的科学性、合理性、可比性，也要考虑指标的可获得性。

在投入能力子系统中，根据知识生产的特点，最常用到的投入指标就是经费投入和人力资源投入。在经费投入方面，高技术产业科技活动资金是自身经费的投入，用统计年鉴中的企业资金这个指标来度量，筹集经费中的政府资金和金融机构贷款也可直接从年鉴中获得，这 3 方面的经费来源再加上其他资金共同组成了高技术产业科技活动的经费，高技术产业 R&D 经费支出用 R&D 经费来计量，表示其 R&D 活动开展的程度，高技术产业研发机构以企业研发机构经费支出来衡量，表示其在研发活动中的投入，高技术产业新产品开发经费用企业新产品开发经费表示，新产品研发则用新产品开发项目数来度量。在人力资源投入上，采用企业中的科技人员数量来表示，表示高技术产业中的企业为培养和吸引有科技素质的人才所投入的经费。

在产出能力子系统中，衡量的指标就较为复杂一些，衡量创新产出的一个常用指标是专利数量，虽然这个指标数据很好获得，但是其自身有着很多局限性，例如并不是所有的创新产出都申请了专利，一些大型企业依靠其垄断地位来保护创新，而小型企业则由于自身实力有限比较愿意申请专利来维护其创新成果，这就使得只用专利衡量缺乏客观性，因此，在衡量创新产出时加入了高技术产业的新产品销售收入、新产品产值来衡量产出能力，新产品销售收入是企业创新产品的销售总额，借鉴了一些已有研究的做法，以有效发明专利数来计量知识存量，以新产品开发项目数来度量新产品研发。

在支撑能力子系统中，利润率支撑着企业创新驱动力，利润率=利润/主营业务收入，表示企业从新产品销售中获利的能力；高技术产业激励机制则是由高技术产业的知识存量来驱动，企业的知识存量积累越多就会越重视对科研人才的激励；金融环境用各项贷款这一指标来衡量；政府对科技重视程度则由高技术产业对税收的贡献程度来决定。

（2）系统动力学模型的构成要素。变量要素和关联要素是组成系统动力学模型的两大要素，变量要素一般包含状态变量（积量）、速率变量、辅助变量、常量等等；而关联要素主要有信息链和物质链。系统流程图就是把变量之间的因果关系和定量关系表示出系统的动态行为模式，其表现方式如图 5-6 所示。

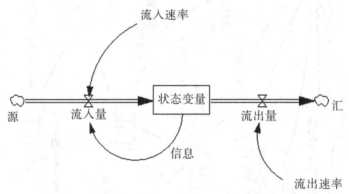

图 5-6　系统流程图基本结构

根据系统动力学理论对模型变量的分类，高技术产业创新能力系统指标集合见表 5-5。

表 5-5　模型中指标的变量类型

状态变量	速率变量	辅助变量
财政收入、高技术产业新产品产值、知识存量	税收增长率、高技术产业新产品销售收入、专利开发	财政支出、教育支出、科学技术支出、政府资金、金融机构贷款、高技术产业科技活动资金、高技术产业 R&D 经费支出、高技术产业新产品开发经费、高技术产业研发机构、R&D 人员投入等变量

（3）系统流程图。高技术产业创新能力是一个非线性的复杂系统，在系统中各个变量之间可能同时存在定量关系和定性关系，有些关系可能是确定的，但有些关系可能有些模糊，所以，要建立准确的数量关系往往比较困难和复杂，在一般情况下，虽然建立的系统模型只是变量之间的近似关系，但仍然可以表示出变量之间的趋势。根据模型因果关系图以及模型中指标的关系，建立高技术产业创新能力流程图，如图 5-7 所示。

（4）模型的公式。由于有关高技术产业创新能力的指标数量级和单位

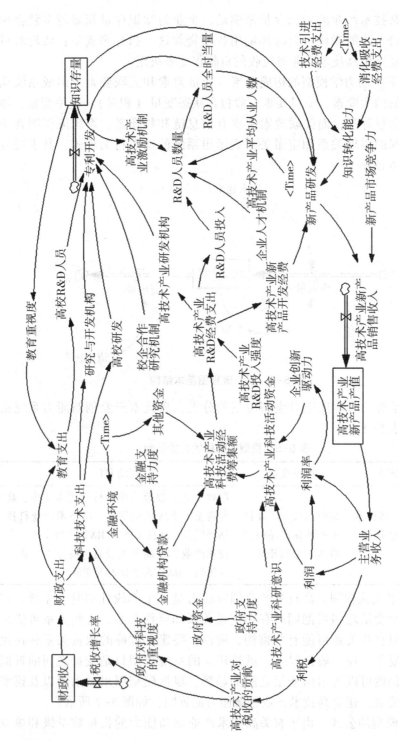

图5-7 高技术产业创新能力流程图

差别很大，如果直接使用原数据不利于反映实际系统的趋势，因此在对模型公式求解的过程中，对指标数据进行了对数化处理，由于篇幅有限只列出部分公式，如下：

1）高技术产业科技活动经费筹集＝高技术产业科技活动资金+政府资金+金融机构贷款+其他资金

Units：万元

2）财政支出＝0.978 * 财政收入+0.31

Units：亿元

3）教育支出＝1.051 * 财政支出-2.555

Units：万元

4）科学技术支出＝1.032 * 财政支出-3.754

Units：万元

5）政府资金＝科技支出 * 政府支持力度+6.642

Units：万元

6）高校 R&D 经费＝1.011 * 科学技术支出-1.752

Units：万元

7）高校 R&D 人员＝0.255 * 教育支出+10.816

Units：人

8）高技术产业科技活动资金 ＝（高技术产业科研意识+企业创新驱动力）* 利润-2.137

Units：万元

9）金融机构贷款＝金融支持力度 * 金融环境+2.554

Units：万元

10）高技术产业 R&D 经费支出＝高技术产业 R&D 投入强度 * 高技术产业科技活动经费筹集额-3.02

Units：万元

11）高技术产业新产品开发经费＝0.947 * 高技术产业 R&D 经费支出-8.3

Units：万元

12）人员投入＝0.255 * 高技术产业 R&D 经费支出+9.068

Units：万元

13）高技术产业平均从业人数＝

lookup［（［（0，0）－（2100，2000）］，（1995，448），（1996，461），（1997，430），（1998，393），（1999，384），（2000，390），（2001，398），（2002，424），（2003，477），（2004，587），（2005，663），（2006，744），（2007，843），（2008，945），（2009，958），

（2010，1092），（2011，1147），（2012，1269））］

  Units：万人

  14）金融环境=

lookup［（［（0，0）－（2100，800000）］，（1995，50544.1），（1996，61156.6），（1997，74914.1），（1998，86524.1），（1999，93734.3），（2000，99371.1），（2001，112315），（2002，131294），（2003，158996），（2004，178198），（2005，194690），（2006，225347），（2007，261691），（2008，303395），（2009，399685），（2010，479196），（2011，547947），（2012，629910））］

  Units：亿元

  15）利润率=利润/主营业务收入

  Units：Dmnl

  16）主营业务收入=1.002*高技术产业新产品产值+1.502

  Units：亿元

  17）利税=0.957*主营业务收入-1.691

  Units：亿元

  18）INITIAL TIME=1996

  Units：年

  19）FINAL TIME=2012

  Units：年

  20）TIME STEP=1

  Units：年

5.4　模型仿真与检验

5.4.1 模型检验

  由于现实系统的复杂性，系统动力学所建立的模型很难与实际情况当中的系统完全一样，所建立的模型可能只是实际系统的一个近似抽象，但是不同结构的系统可以具备相同性质的功能，所以能够使用系统动力学的模型来描述现实中的系统。虽然建立的模型不要求其结构和行为特征与实际系统完全一致，但是为了模型可以客观、公正地描述现实情况以及用于政策分析，我们必须对所建立模型进行有效性和可靠性检验。在系统动力学当中，模型的检验一般可分为三个步骤：首先直观上对系统进行检验，检验系统的边界和因果关系；接着检验系统运行的结果；最后检验模型对历史数据的拟合程度。

通常来说，一个有效检验模型的方法是通过比较模型的运行结果与实际系统的偏差来进行判断。这里选取有代表性的变量：财政收入为检验变量，验证的时间从 1996 年到 2012 年，检验结果见表 5-6。

表 5-6　财政收入真实值与模拟值对比表

	实际值/亿元	模拟值/亿元	误差率绝对值
1996	7407.99	6898.091	6.88%
1997	8651.14	8069.122	6.73%
1998	9875.95	9444.615	4.37%
1999	11444.08	11061.66	3.34%
2000	13395.23	12963.72	3.22%
2001	16386.04	16801.27	2.53%
2002	18903.64	17839.67	5.63%
2003	21715.25	20937.14	3.58%
2004	26396.47	25621.83	2.93%
2005	31649.29	28946.37	8.54%
2006	38760.2	35101.53	9.44%
2007	51321.78	49006.1	4.51%
2008	61330.35	63837.75	4.09%
2009	68518.3	67460.67	1.54%
2010	83101.51	80442.67	3.20%
2011	103874.4	95044.45	8.50%
2012	117253.5	112397.8	4.14%

从表 5-6 中的相对误差可知，系统模型的模拟值与其实际值的误差率绝对值都没有超过 10%，这说明所建立的模型可以比较有效地反映出真实系统的情况，因此本模型可用来进行系统仿真以及政策模拟。

5.4.2　模型仿真与敏感性分析

（1）模型仿真说明。系统动力学模型的仿真就是在建立系统流程图及模型的方程式后，利用系统动力学软件进行动态仿真计算，其模拟数据可能与现实系统的实际数据有所出入并不完全相同，但是基本的变动趋势是一样的。

图 5-8 显示的是投入能力子系统中 4 个指标的变化情况，总体上看 4 个投入量都呈现出上升的形势，高技术企业科技活动资金增长的趋势最为

明显，企业资金是高技术产业科技活动经费的主要来源，随着高技术企业对科技研发重要性认识的深入，其在科技活动经费上的投入也越来越多，从 1996 年的 397007 万元增加到 2012 年的 15543584 万元；相比较而言，在 R&D 人员投入增加上则较为平缓；政府资金和金融机构贷款在 2007 年以前增势缓慢，但在随后的时间里上升势头迅速，这为高技术产业科技活动提供了良好的支持。

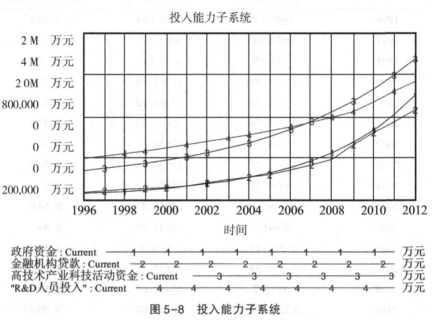

图 5-8　投入能力子系统

从图 5-9 中可以看出，中国高技术产业的各项产出能力都在不断的提高，知识存量的产出在 2006 年之前增长比较缓慢，这是因为知识和新技术的产出需要一个过程，许多科技研发不是一两年就可以得到成果的，期间需要反复实验和理论认证，但是经过一段时间的积累，2008 年后知识存量的产出呈现出快速增长的势头，而且可以预见这种增长的趋势将会持续下去。新产品的销售收入整体呈现上升但是期间波动性比较大，如在 2009 年的销售收入受全球金融危机的影响后下降较多，但是随后便又快速增长。而高技术产业新产品产值和利润一直表现出稳定的上升势头，新产品产值从 1996 年的 8419426 万元增长到 2012 年大约 214584141 万元，利润则从 207 亿元增长到 6186.3 亿元，总体上看，中国高技术产业的产出形势良好。

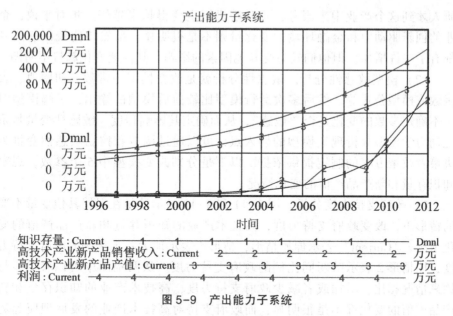

图 5-9　产出能力子系统

图 5-10 显示的是在高技术产业中支撑能力的指标，随着中国逐步认识到创新对于国家整体发展的重要性，可以从图中看到政府对科技的重视程

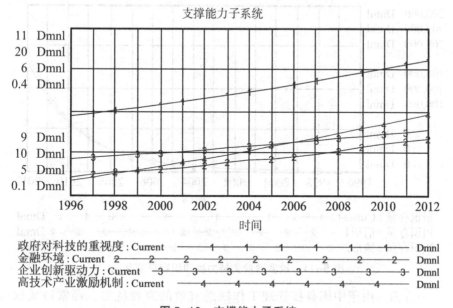

图 5-10　支撑能力子系统

度也在不断的加强，其趋势线呈现快速上升的势头；科研人才对于高技术产业的发展有着至关重要的作用，因此高技术产业为了吸引更多的优秀科

研人才到这个产业中来服务，其激励机制也变得越来越好。相对来说，企业的创新驱动力和金融环境的变化量则不是很明显，虽然相比较以前两者都有了些许增加，但他们较易受其他因素的影响，其发展变化趋势不明朗。

（2）模型敏感性分析。敏感性分析就是改变模型中常数、初始值、表函数或模型公式等，然后多次运行模型比较前后模型的输出，了解模型对于不确定参数的变化是否"敏感"，从而确定其影响程度。敏感性变量是系统动力学模型分析现实模型的切入点，可以通过调节和控制敏感性变量为决策者政策方案的制定提供依据。以下是分别改变模型中 5 个参数，观察知识存量和新产品产值的变化情况。

1）政府支持力度分析。图 5-11 和 5-12 显示的是在保持其他变量不变的情形下，改变政府支持力度，高技术产业的知识存量和新产品产值的变化情况，"Current"表示原始情形，情形 1 表示加大一定比例的政府支持力度，而情形 2 表示减弱同比例的政府支持力度。从两幅图中可以看出，与原来情况相比，增加或者减少政府支持力度，高技术产业的知识存量和新产品产值的变化都不是很明显，而政府支持对高技术产业的发展理应起着关键的作用，造成这种情况的出现主要有以下一些原因。

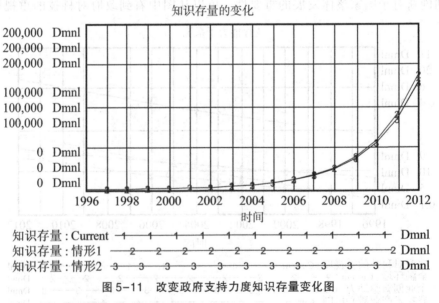

图 5-11　改变政府支持力度知识存量变化图

一方面，由于中国科技管理工作缺乏有效的宏观统筹，经常造成权责分离、管理不善的问题，而且涉及有关科技经常性工作的部门众多，职能重叠，综合管理能力和统筹能力不强，这在一定程度上造成了中国科技资源的配置无法得到有效的统筹协调，使得科技资源的使用效率低下、无法

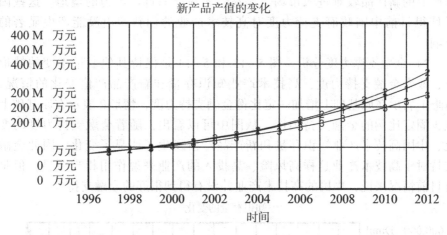

图 5-12　改变政府支持力度新产品产值变化图

有效共享、重复浪费的现象层出不穷。其次，在地方政府设立的科技管理部门大都仿照国家科技管理职能进行设置，没有体现出各地区的特点和自身资源优势，管理手段也沿用国家已有的，这就使得地区的高技术产业无法得到有效的科研支持。再者，中国没有一套有针对性的、有系统性的科技计划评价和监督机制，这就使得中国科技评估工作客观性不强，没能发挥有效的评估监督作用，高技术产业中的企业得到政府科技经费的支持是否都用在科技活动上也无法知晓，"专款专用"无从考察，因此政府在推进科技发展工作方面难以起到应有的作用。

另一方面，中国财政和税收政策力度不够、可操作性不强，在政策制定时只是考虑了投入目标，往往不重视对投入机制的设计，例如税收优惠给予高技术企业非常多的优惠政策，但是在实际当中，这些政策又有诸多的限制条件，使得高技术企业并没有得到真正的支持，而且往往可能只有与地方政府关系密切的高技术企业得到了优惠政策，而那些真正需要政府支持的高技术企业无法获得帮助，这就使得科技资源的配置无法充分发挥作用。

当前，中国的政策体系不太适合于高技术产业的发展要求，中国还没有形成发达国家常用的需求拉动政策，即以税收方式鼓励消费者进行新产品消费，而且政府对于新产品的进入消费市场缺乏有效的支持政策，再者由于高技术产业的特征，其新产品技术性能缺乏稳定性，这使得中国高技术产业的新产品较难进入市场，容易陷入新产品推广不力的境地。这些因素使得目前中国政府支持力度对高技术产业的创新产出没能产生显著的影响。

2）金融支撑力度分析。图 5-13 和 5-14 是保持其他变量不变的情形下，改变金融支持力度，高技术产业知识存量和新产品产值变化的情况，情形 1 表示在原基础上增加一定比例金融支持力度，情形 2 表示在原基础上减少固定比例的金融支持力度。从图中可以看出，随着金融支持力度的变化，中国高技术产业知识存量和新产品产值发生了明显了变化，因此金融支持对于高技术产业这样高风险、高投入的产业来说作用相当明显，但是就目前情况来说，中国的高技术产业并没有得到很好的金融支持。

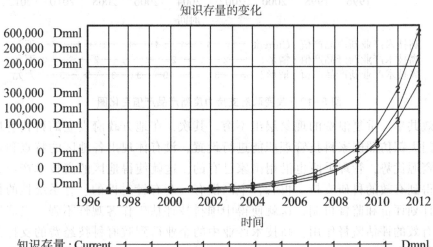

知识存量的变化

知识存量：Current —1——1——1——1——1——1——1——1——1——1—— Dmnl
知识存量：情形1 ——2——2——2——2——2——2——2——2——2——2 Dmnl
知识存量：情形2 —3——3——3——3——3——3——3——3——3——3— Dmnl

图5-13　改变金融支持力度知识存量变化图

首先，中国高技术产业面临的融资条件较为苛刻，众所周知，高技术研发项目的风险系数高、资金需求量大，项目一旦失败那么投入的研发经费也很难收回，金融机构对此抱有很大的防范心理，这就出现了"逆向选择"问题，在企业发展初期需要大量资金投入研发和规模扩大时，常因为风险过高而无法申请到贷款，而在企业处于成熟阶段时却较为容易得到贷款，所以中国高技术企业较难获得有效的金融支持。大型高技术企业在融资方面还算比较顺利，但是许多中小企业根本得不到应有的融资支持，很多情况下只能自己去筹集科技活动的资金，因此它们常常面临着融筹资困难的境地以至于科研活动无法持续下去。其次，在投资金额，贷款时间、资产抵押担保等方面都使得一些小型创业者无法申请到贷款，而且贷款的

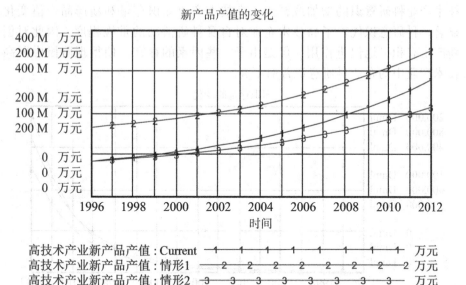

图 5-14　改变金融支持力度新产品产值变化图

审批手续过于烦琐、费时，这对高技术产业来说非常的不利，高技术产业是一个追求高速运行的产业，其对专利技术和新产品的研究与开发需要一个连续快速的过程，如果企业的研发资金未能及时跟上，创新产品的研发和推出可能就会被延误，若被竞争对手伺机抢占市场的话，那么企业便失去了市场竞争力，从而在销售收入和企业经营上无法延续良好的态势，这对高技术企业来说是将面临着被淘汰的困境。

　　另外，在融资提供担保时高技术产业也面临着窘境，高技术产业是一个以知识、技术为主的行业，在企业中最重要的资产是专利技术、知识产权、高科技人才等无形资产，但是在企业向银行进行贷款时，银行在信贷评估的过程中主要考察企业的销售额或者其生产的商品、生产设备、厂房等可用作抵押的有形资产，而这些资产在高技术企业中所占的比例并不是很大，而且某些科研成果转化成产品需要一定的时间，这就使得高技术企业申请贷款条件时常达不到银行的抵押要求，得不到足够的金融支持，继而制约着高技术企业的快速发展。因此如何改善金融支持与高技术产业之间的关系是一个亟待解决的问题。

　　3）高技术产业科研意识分析。图 5-15 和 5-16 展示的是在其他变量不变的条件下，改变高技术产业科研意识，高技术产业知识存量和新产品产值的变化情况，情形 1 表示在原来基础上提高一定比例的高技术产业科研意识，情形 2 则表示减弱同比例的科研意识。从两图中可以看出，随着高技术产业科研意识的增加或减少，高技术产业知识存量和新产品产值变化显著。科研意识代表了高技术企业对自身科研活动的重视程度，因此对创新产出有积极地促进作用，但是由于一些因素的存在，使得现阶段中国高技术产业中的企业科研意识普遍不高。

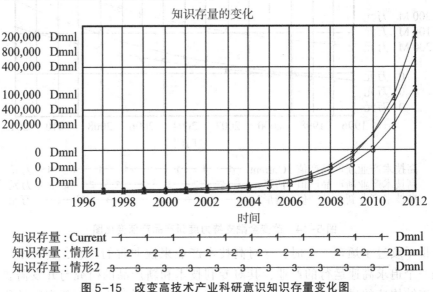

知识存量的变化

知识存量：Current ——1——1——1——1——1——1——1——1——1——1——1——1—— Dmnl
知识存量：情形1 ——2——2——2——2——2——2——2——2——2——2——2—2 Dmnl
知识存量：情形2 —3——3——3——3——3——3——3——3——3——3——3——3— Dmnl

图 5-15　改变高技术产业科研意识知识存量变化图

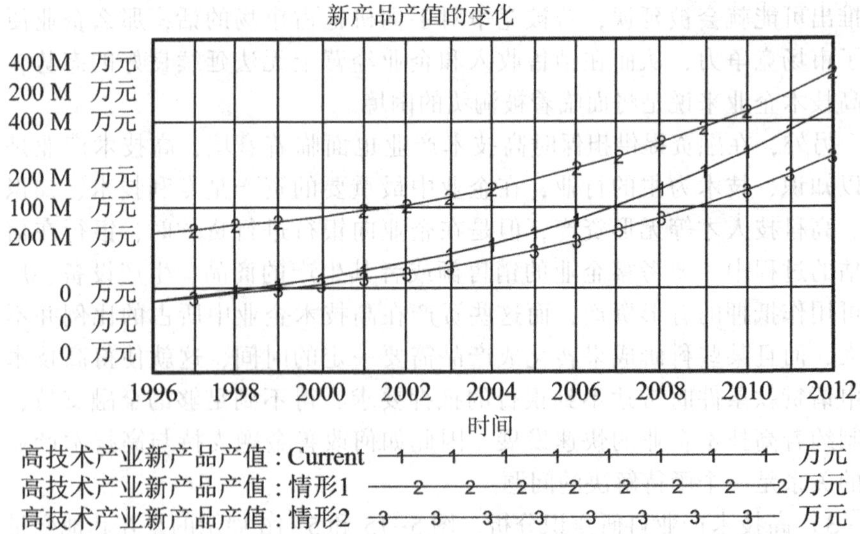

新产品产值的变化

高技术产业新产品产值：Current ——1——1——1——1——1——1——1——1——1—— 万元
高技术产业新产品产值：情形1 ——2——2——2——2——2——2——2——2—2 万元
高技术产业新产品产值：情形2 —3——3——3——3——3——3——3——3— 万元

图 5-16　改变高技术产业科研意识新产品产值变化图

首先，中国企业机制与世界上发达国家的企业相比还处于落后的阶段，由于中国在相当长一段时间内实行计划体制，许多大型国有的高技术企业虽然有着规模、技术、资金上的实力，但是它们没有建立完整的现代企业管理制度，对国家和政府过于依赖，其实行的日常企业运行机制和管理制度较难适应现代高技术产业发展的需要，而且这些国有企业缺乏追求利润最大化的动力以及在新产品、新技术研发过程中的冒险精神，在国有高技术企业中的人事考核制度存在不合理的地方，例如过于强调任期当中的成绩，致使企业领导者不愿冒过高的风险开发周期过长的项目而更多的选择快速见效益的项目。而高技术产业中的民营企业虽然企业机制较符合现代企业的要求，但是受到各方面实力的约束，他们重点在研发一些短期内获得成效的项目，所以这就使得中国高技术产业整体上创新能力不高以及缺乏科研意识。

其次，中国高技术企业的科研意识不强还有一个重要的原因，那就是中国的专利保护制度不完善，社会缺乏知识产权保护意识，企业耗费巨大的人力、财力、物力研发出来的专利技术可能会由于知识产权法的不健全，导致其竞争对手无需花费太多代价便可模仿从中获益，而原创企业却又无法通过相关法律程序来解决问题，在花费很多精力却又无法获得应有的收益后，企业的科研意识逐渐被削弱，这就使得中国越来越多的企业不重视创新和研发，只是在不停地抄袭和模仿其他人的创新，长期下来使得中国高技术企业科研意识越来越弱。

还有一个原因就是受前几年金融危机的影响，全球经济增长减缓甚至停滞，国外市场需求锐减，由于中国高技术产业的对外出口依赖性过大，国际市场环境恶化导致出口减少，利润下降，整体发展受到影响，使得近几年高技术企业的生存压力加大，延迟扩张计划，减少科技活动的经费，这在一定程度上也减弱了企业的科研意识。

4）高技术产业人才机制分析。图 5-17 和 5-18 显示的是在其他变量不变的条件下，改变高技术产业人才机制，高技术产业知识存量和新产品产值的变化情况，情形 1 表示在原来的基础上提高 15% 的人才机制比例，情形 2 则是在原来基础上减弱同比例的人才机制。从图 5-17 中可以清楚地看到，人才机制的变化对于高技术产业的知识存量影响不明显，原因在于高技术产业中的科研人员偏重于产品研发而忽视基础研究。虽然中国高技术产业的从业人员和科研人员在逐步增加，但是与世界发达国家相比，科研人员占从业人员的比重比较低，这说明中国高技术产业的整体科技文化素质有待提高，而科研人员相对数量的不足又制约着中国高技术产业的创新能力提升。在高技术企业中的科研人员其学历结构与高校和研究所的科研人员相比处于相对较低的层次，而且科研人员在企业中主要进行试验与发展活动，对于基础研究和应用研究活动不重视，这在一定程度解释了中国

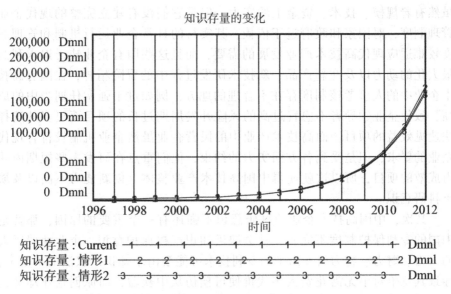

图 5-17　改变高技术产业人才机制知识存量变化图

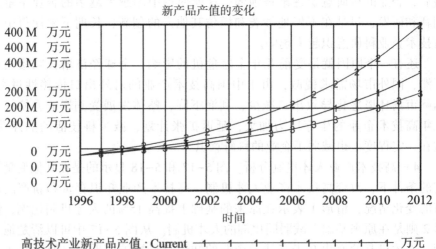

图 5-18　改变高技术产业人才机制新产品产值变化图

高技术企业是研发投入的主导者，但是却少有突破性的创新成果。从图 5-18 中可知，人才机制对高技术产业的新产品产值作用明显，高技术产业是一个以提升创新能力为动力的产业，而创新研发的主体主要是科研人员，拥有更雄厚的科研人力资源能够有效提高高技术产业新产品的研究与开发能力，加快创新成果的商业化速度，从而有助于高技术产业的总体发展。

由于科研成果本身需要一个积累的过程，在高技术产业中的人才机制、劳动报酬机制实际操作起来变得相当复杂，科研人员研发专利和新技术需要一段时间，若企业无法认识到研发的过程性，只是注重短期利益来评定科研人员的工作成果，给予科研人员与之工作不相符的薪金报酬，这便会打击科研人员的工作积极性，不利于科研人员的大胆创新；但如果科研人员从企业中获得的薪酬超过了其工作应得，这又会使企业承担过多不必要的成本而影响自身的科研经费投入和规模扩展。现阶段中国高技术产业的科研人员数量和质量有了很大上升，但还是存在一些问题。中国高技术产业的科研人员分布严重不均，由于东部地区优先发展的原因，其经济优势吸引了许多优秀的科技人才，在东部地区的高技术企业能够提供丰富的科研资源，优裕舒适的工作环境，丰厚的薪酬等，这些因素都使得越来越多的科研人员到东部的高技术企业中服务，而中、西部高技术企业不得不面临着科研人员相对匮乏的困境，长此下去东部的经济和科技发展水平便会与中、西部越拉越大，对中国的总体发展起到不利的影响。所以，如何通过改善高技术产业中的人才机制使科研人员更好地为企业服务将是提高中国高技术产业创新能力水平的关键。

5）校企合作研发机制分析。图 5-19 和 5-20 显示的是在保持其他变量不变的条件下，改变校企合作研发机制，高技术产业知识存量和新产品产值的变化情况，情形 1 是在原来基础上增加 10% 的校企合作研发机制比重，而情形 2 则是减少 10% 的比例，知识存量的变化则不是一目了然，如图 5-19 所示，在很长一段时间里情形 1 中的知识存量一直低于其他两种情形，这是因为校企在对创新研发方面存在各自的看法，合作研发机制的建立需要时间、资金、信息沟通，而情形 Current 和情形 2 把精力主要放在了自行研发和企业发展等方面，使得这两种情形在相当长的时间里知识存量都优于情形 1，但是当校企合作研究机制建立并运行良好后，可以看到其产生的知识存量呈现出快速增长的势头，而且在短时间内便赶超另外两种情形，校企合作研发有利于企业利用高校丰富的科研人力资源来弥补自身科研实力不强的弱点，而高校可以利用企业相对成熟的工艺生产条件、市场营销能力来提高科研成果的产出率。

从图 5-20 中可知，新产品产值的变化不明显，这其中有一系列的原因，虽然校企合作研发机制对知识存量有显著的促进作用，但从知识存量到新产品产值的转化过程却有着更为复杂的机制。高校和高技术企业之间在认识和观念上存在一定的偏差，高校里的科研人员更重视理论研究，重视论文成果，开展科研活动侧重于学术水平的提高往往忽视应用成果的转

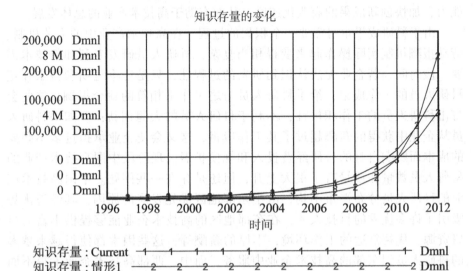

图 5-19　改变校企合作研发机制知识存量变化图

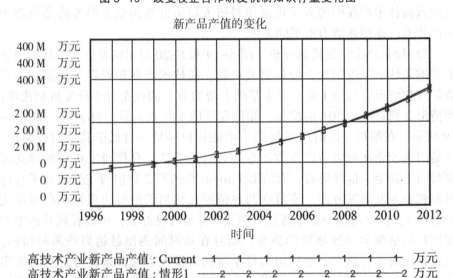

图 5-20　改变校企合作研发机制新产品产值变化图

化；而企业以追求利润为目的，他们希望能够快速见成效的科研成果，以求获得市场竞争力，产生可观的经济效益，由于各自研发目的的偏差使得他们之间的合作进展时常不顺利。其次，高校和高技术企业之间在科研成果的利益分配和拥有权上存在分歧，企业认为自己是科研成果转化的主导者，在新产品生产以及市场推广方面都做出了巨大的努力，因此自己应该占成果转化利益的主要部分；而高校则认为自己是科研成果的原创地，对此付出了相当多的研发成本，理应享有大部分经济成果，正是由于这样的利益分配问题，使得高校和企业在合作过程中非常困难，尤其是在看到科研成果可转化为巨大的潜在经济效益时，常常因为无法调解利益上的问题，而最终分道扬镳另寻其他合作者，使得科研成果转化推迟，给双方带来许多不必要的经济损失。因此，加强校企合作研发机制对高技术产业创新能力的提升有着不可小视的帮助。

5.5　结论和建议

5.5.1　结论

本章使用创新理论以及系统动力学方法和理论，系统地分析了高技术产业创新能力系统的动力机制。首先，构建了影响高技术产业创新能力的三个子系统（投入能力子系统、产出能力子系统、支撑能力子系统）并进行了分析，在此基础之上以 1996—2012 年高技术产业的相关数据为依据，建立高技术产业创新能力系统，通过合理地调节系统模型中的参数，对中国高技术产业的创新能力现状进行分析，得到以下研究结论：

（1）通过对中国高技术产业创新能力系统的政策支持力度、金融支持力度、高技术产业创新意识、人才机制、校企合作研发机制进行敏感性分析，得到结果是政策支持力度对高技术产业知识存量和新产品产值影响不大；金融支持力度和高技术产业创新意识对知识存量和新产品产值影响明显；人才机制对知识存量影响不大但对新产品产值影响显著；校企合作研发机制对知识存量作用明显但对新产品产值影响很小。

（2）政府支持力度并没有显著地促进高技术产业的创新能力发展，说明当前中国政府部门在科技资源配置上存在不合理的地方，且在引导高技术产业发展方面没有发挥出充分的作用。

（3）金融支持力度和高技术产业创新意识对高技术产业的产出有明显的影响，然而中国高技术产业能够得到的金融支持有限，高技术产业由于受知识产权保护不完善以及自身创新动力不强的因素使其创新意识相当薄弱。

（4）科研人才对于高技术产业创新能力的提高至关重要，但目前中国高技术产业科研人员整体素质水平不高，企业的人才机制需要进一步完善，而且科研人才的分布不合理易造成地区之间科研水平差距的拉大。

（5）校企合作研发机制中由于存在着诸如观念偏差、科研成果拥有权不清晰、利益分配不明确等问题，使得高技术产业和高校之间的科研合作效率不高，高技术产业没能很好地利用高校科研资源。

5.5.2 对策建议

尽管经过这些年的发展，中国高技术产业的整体水平有了大幅度的提高，但是与发达国家相比还有很大的差距，而且中国高技术产业的国际市场竞争力还处于低端位置，产业的创新能力不足，缺乏自主知识产权的品牌，因此本章在分析中国高技术产业创新能力发展所存在的问题后，提出以下建议和措施。

（1）从政府层面。首先中国政府应当完善有关高技术产业发展的政策如科技政策、财政政策、税收政策、鼓励政策等，针对不同的高技术行业的特点和发展趋势提出有针对性的政策法规，为高技术产业的专利和产品研发、新产品市场化营造良好的支持环境，发挥出政府对高技术产业的引导作用，同时，政府在对高技术产业进行资金支持时，应注意避免产生"挤出效应"，结合产业中不同行业的特点进行资金资助。其次，针对高技术产业的不同行业制定与行业相关的技术标准，逐步推进中国高技术产业行业标准的国际化，提升产业的国际竞争力。最后，建立健全中国知识产业保护体系，完善的知识产权体系有利于高技术产业的持续创新，有利于激发科研人员的创新热情，有助于新产品、新技术、新工艺的产生，政府应鼓励企业申请专利，培养他们的知识产权保护意识和创新意识，使企业的核心竞争力得以提升，健全与知识产权保护有关的法律法规，对于侵犯知识产权的行为应依法处置。

（2）从金融层面。首先，政府应当完善中国高技术产业风险投资机制，鼓励风险资本市场的建立并进行积极引导。其次，除了政府制定相关金融支持的政策，给予高技术产业必要的金融支持以帮助其快速发展外，还应针对高技术产业的特点改变担保抵押方式，高技术产业拥有较多的无形资产存在很多不确定性，因此在对其进行评估的时候，应联合知识产权价值评估机构、项目评估机构进行综合评价以得出一个客观公正的结果。此外，高技术产业常面临融资难的问题，中国应当鼓励中小金融机构的发展，为高技术产业的发展提供支撑，例如美国存在很多地方性的中小银行，这为美国的高技术产业发展提供了不小的支撑。

（3）从企业层面。高技术产业要学会利用好政府扶持政策，以政府采购为杠杠扩展自身的市场影响力；其次，不断地扩展投资渠道，实现投资主体的多元化；高技术企业是进行其科研活动的主导者，领导者的创新意识和创新驱动力直接关乎企业的创新能力，因此企业领导者应意识到高技术产业是一个高风险、高投入、高回报的行业，必须具备有大胆创新的意识，不能因为短期利益而忽视长远发展，建立完善的企业研发体系。

（4）从科研人员层面。科研人员是高技术产业创新能力发展的关键，科研活动的成功很大程度上取决于企业中科研人员的素质。允许科研人员以知识、技术、专利入股企业，这使得企业的效益和科研人员紧密结合在一起，有利于激励科研人员，其次提供给科研人员教育和培训的机会，这可以使得科研人员不断地提升科学素质，有助于专业技能人才的培养；最后，企业应当设计合理客观的员工评价体系和薪酬体制，正确的评价科研人员的工作成果有利于提高其创新积极性，而良好的薪酬制度不仅科研保留企业原有的科研人才，还可以吸引更多优秀的国内或国际的科研人才到企业中来服务。

（5）从校企合作研发的层面。由于高校和高技术企业之间存在着知识产权、经济利益分配等问题，时常使得他们的合作变得很艰难，因此，首先可以在校企之间建立一个专门的组织或部门，对双方的科研活动各个环节的工作进行协调和管理，建立明确的产权占有和利益分配的条款；其次完善创新活动管理制度，把高校和高技术企业所拥有的资源有效地结合起来，提高资源配置的效率和整体创新能力；再有双方都应加强信息、人才的交流，使对方及时地了解有关科研活动的动态和趋势；最后，由于中国目前科研人才主要集中于高校，高技术产业自身科研能力不强尤其是中小企业，更多地只能通过交易市场来获取所需的技术，因此应鼓励中介服务机构的发展，使高技术产业和高校之间更好地利用科技资源。

中国高技术产业的发展存在着较为明显的地区差异，各地区有着不同的经济发展情况和资源优势，因此每个省份应根据自身的优势发展其高技术产业，如最具实力的广东省，应当更注重技术创新和产品研发以提高产业竞争力并实现结构转型；有着地理优势条件的长三角地区，应加大科技活动经费的投入，以吸引有强竞争力的企业和优秀科研人才，逐步形成高技术企业群落以达到规模经济；而对于中国高技术产业发展水平较落后的地区，要发挥好政府的引导作用，除了加大经费投入力度外，还应制定有效政策以吸引优秀科研人才到该地区服务，重点发展地区的优势产业。其次，中国高技术产业发展应注重产业转移，高技术产业发达地区更多地进行产品研发和技术创新，尤其是高端科技的研发，提高本地区的创新水平，适当地把高技术制造业向相邻省份转移，这不仅可以帮助这些省份带来经济的发展，增加就业岗位，还可以有效地缓解自身人口压力和城市运转负荷，达到双赢的局面。中国高技术产业的发展还应注意产业集聚的发展，由于高技术研发的特点，单一方面的发展对于研发水平的提高很有限，而产业集聚具有良好的知识溢出效应和外部性，这可以使集群中的企业相互交流、相互学习、共同合作，起到了促进资源的有效分配，企业规模适度扩展，合理分工，提升技术效率的作用。中国高技术产业的发展一直以来大都依赖于国外技术，使得高技术产业一直处于价值链的低端位置，国外高技术产业控制着核心技术，致使高技术产业的技术束缚问题日益严重，因此，这需要政府、高技术产业、研发机构、高校多方联合合作，建立一套有效的创新体系和创新机制，提高基础创新能力，以促进高技术产业自主创新能力的提升。

参考文献

［1］赛迪研究院．2013年中国高技术产业发展形势展望［J］．中国经贸，2013，（2）：68-69.

［2］高技术产业形势分析课题组．2014年中国高技术产业发展形势展望［J］．高科技与产业化，2014，（212）：22-29.

［3］董瑜，邢颖，张薇．中国高技术产业技术创新态势分析Ⅰ：总体发展态势［J］．科学观察，2011，6（1）：16-26.

［4］Breda Kenny, John Fahy. Network resources and international performance of high tech SMEs［J］. Journal of Small Business and Enterprise Development, 2011, 18：529-555.

［5］Wei-wei Wu, Da-peng Liang, Bo Yu, etc. Strategic planning for management of technology of China's high technology enterprises［J］. Journal of Technology Management in China, 2010, 5：6-25.

［6］Bronwyn H. Hall, Francesca Lotti, Jacques Mairesse. Innovation and productivity in SMEs：empirical evidence for Italy［J］. Springer Science+Business Media Published online, 2009, 33：13-33.

［7］David M. Hart. Founder nativity, founding team formation, and firm performance in the U.S. high-tech sector［J］. Springer Science+Business Media Published online, 2011, 5：1-18.

［8］Yung-Ching Ho, Ching-Tzu Tsai. Front end of innovation of high technology industries：The moderating effect of front-end fuzziness［J］. Journal of High Technology Management Research, 2011, 22：47-58.

［9］Rui Zhang, Kai Sun, Michael SDelgado, etc. Productivity in China's high technology industry：Regional heterogeneity and R&D［J］. Technological

Forecasting & Social Change, 2012, 79: 127-141.

[10] Alan L. Porter, Nils C. Nweman, J. David Roessner, etc. International high tech competitiveness: Does China rank 1 [J]. Technology Analysis and Strategic Management, 2009, 21: 173-193.

[11] Jessica Bennett, Seamus McGuinness. Assessing the impact of skill shortages on the productivity performance of high-tech firms in Northern Ireland[J]. Applied Economics, 2009, 41: 727-737.

[12] Fabio Bertoni, Annalisa Croce, Diego D'Adda. Venture capital investments and patenting activity of high-tech start-ups: a micro-econometric firm-level analysis[J]. Venture Capital, 2010, 12: 307-326.

[13] Mario Coccia. What is the optimal rate of R&D investment to maximize productivity growth [J]. Technological Forecasting and Social Change, 2009, 76: 433-446.

[14] Manuel A. Gomez. Duplication externalities in an endogenous growth model with physical capital, human capital, and R&D [J]. Economic Modelling, 2011, 28: 181-187.

[15] Irena Grosfeld. Large shareholders and firm value: Are high-tech firms different [J]. Economic Systems, 2009, 33: 259-277.

[16] Xiaohui Liu, Trevor Buck. Innovation performance and channels for international technology spillovers: Evidence from Chinese high-tech industries [J]. Research Policy, 2007, 36: 355-366.

[17] Xiaohui Liu, Huan Zou. The impact of greenfield FDIand mergers and acquisitions on innovation in Chinese high-tech industries [J]. Journal of World Business, 2008, 43: 352-364.

[18] Sana Harbi, Mariam Amamou, Alistair R. Anderson. Establishing high-tech industry: The Tunisian ICT experience [J]. Technovation, 2009, 29: 465-480.

[19] Anita Juho, Tuija Mainela. External facilitation in the internationalization of high-tech firms [J]. Emerald Group Publishing Limited, 2009, 4: 185-204.

[20] Fallah, M. H. Choudhury, P. Movement of inventors and the effect of knowledge spillovers on spread of innovation: Evidence from patent analysis in high-tech industries [J]. Management of Engineering and Technology, 2009: 923-929.

[21] 王业斌、政府投入. 所有制结构与技术创新——来自高技术产业的证

据 [J]. 财政监督, 2012, 8 (12): 72-74

[22] 樊琦, 韩民春. 政府 R&D 补贴对国家及区域自主创新产出影响绩效研究——基于中国 28 个省域面板数据的实证分析 [J]. 管理工程学报, 2011, 25 (3): 187-192

[23] 吴金光, 胡小梅. 财政支持对区域产业技术创新能力的影响分析——基于 1997—2010 年中国高技术产业数据 [J]. 系统工程, 2013, 31 (9): 121-126

[24] 孙玮, 成力为, 刘栋. 不同主体 R&D 投入与技术创新绩效变动差异——基于中国高技术产业的实证研究 [J]. 山西财经大学学报, 2009, 31 (10): 69-75

[25] 支燕, 白雪洁. 我国高技术产业创新绩效提升路径研究——自主创新还是技术外取? [J]. 南开经济研究, 2012, (5): 53-66

[26] 冯锋, 马雷, 张雷勇. 外部技术来源视角下我国高技术产业创新绩效研究 [J]. 中国科技论坛, 2011, (10): 44-50

[27] 沙文兵. 吸收能力、FDI 知识溢出与内资企业创新能力——基于我国高技术产业的实证检验 [J], 国际商务 (对外经济贸易大学学报), 2013, (1): 106-114

[28] 潘菁, 张家榕. 跨国公司在华 R&D 投资对我国高技术产业创新能力影响的实证分析 [J]. 中国科技论坛, 2012, (1): 32-38

[29] 温丽琴, 卢进勇, 马锦忠. FDI 对中国高技术产业技术创新能力的影响研究——基于行业面板数据的实证研究 [J], 经济问题, 2012, (8): 33-36

[30] 马彦新. 金融支持与中国高技术产业自主创新-基于面板数据的实证分析 [J]. 区域金融研究, 2012, (1): 69-74

[31] 戴魁早, 刘友金. 市场化进程对创新效率的影响及行业差异——基于中国高技术产业的实证检验 [J]. 财经研究, 2013, 39 (5): 5-17

[32] 徐巧玲. 高技术产业专利开发与产业发展关系实证研究 [J]. 科技进步与对策, 2013, 30 (4): 60-63

[33] 李晓梅, 夏茂森. 中国高技术产业创新绩效的地区差异 [J]. 技术经济与管理研究, 2010, (4): 39-42

[34] 刘玉芬, 张目. 中国高技术产业技术创新绩效分行业评价研究 [J]. 经济研究导刊, 2010, (22): 180-182

[35] 戴魁早. 垂直专业化对创新绩效的影响及行业差异——来自中国高技术产业的经验证据 [J] 科研管理, 2013, 34 (10): 44-51

[36] 赵玉林,程萍.中国省级区域高技术产业技术创新能力实证分析 [J].

商业经济与管理，2013，（6）：79-87

［37］李荣生. 中国高技术产业技术创新能力分行业评价研究——基于微粒群算法的实证分析［J］. 统计与信息论坛，2011，26（7）：59-66

［38］周明，李宗植. 基于产业集聚的高技术产业创新能力研究［J］. 科研管理，2011，32（1）：18-24+31

［39］徐玲，武凤钗. 我国高技术产业技术创新能力评价［J］. 科技进步与对策，2011，28（2）：134-138

［40］赵志耘，杨朝峰. 转型时期中国高技术产业创新能力实证研究［J］. 中国软科学，2013，（1）：37-47